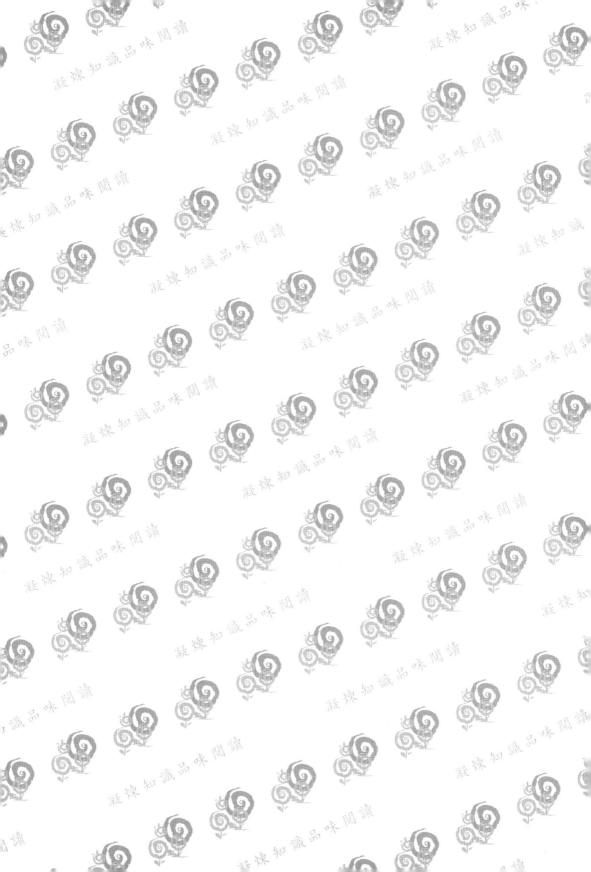

圖解系列

三大特色

●一單元一概念,迅速理解資料庫的操作與使用
●內容完整,架構清晰。為學習資料庫系統的全方位工具書。
●圖文並茂‧容易理解‧快速吸收

圖解 資料庫

林忠億/著

閱讀文字

理解內容

觀看圖表

圖解讓 資料庫系統 更簡單

五南圖書出版公司 印行

本書撰寫的主要目的是為了讓對資料庫系統有興趣的人們，用來做為踏入資料庫系統的第一步。

資料庫系統的應用非常廣泛，在資訊的世界中，分分秒秒都在產生資料，而有用的資料都是需要好好去管理的，資料庫系統能提供了一個良好的架構來儲存、管理、查詢與更改資料，在所有地方都能找到可以利用資料庫系統之處。

筆者認為，學習資料庫系統，並不需要厚重的參考書，而是需要一本可以快速建立觀念與概念，對資料庫系統整體輪廓能有所認識的工具書；就像學習英文一般，文法往往是小小一本，等文法的概念完備了之後，厚重的字典才有發揮的空間，沒有人學英文是抱著字典在學的。一本簡潔清楚的入門書，才是對初學者最為適用的。

在本書裡，筆者希望可以讓讀者用最快的時間知道資料庫系統最常用的功能是什麼，該怎麼操作，相信讀者們可以在讀完本書之後，能夠了解自己對資料庫系統的需求，發揮創意找出它的應用。

感謝五南出版社的厚愛，讓我有這個機會可以將心得與經驗整理出版；感謝五南出版社的編輯群莫大的耐心與細心，讓本書可以在精美的編排下如期完成；感謝所有資料庫系統領域的前輩專家們；感謝健行科技大學與資訊工程系提供良好的學習研究環境，在軟硬體上讓我得到充分支援；感謝本書撰寫過程中，朋友與學生們的支持，讓本書可以在撰寫過程中即時收到回饋意見以進行修改。

若讀者對本書有任何建議與指教，竭誠歡迎您來信與我聯繫。

林忠億

健行科技大學資訊工程系

jylin@uch.edu.tw

自序

第 **7** 章

檢視表 (VIEW)

第 1 章

資料庫的概念

章節體系架構 ▼

Unit **1-1**
資料庫的由來

　　在電腦尚未發明之前，人類就有處理資料的苦惱。我們用了大量的紙張來做資料記載，然後利用不同的編排索引方式將資料分門別類，方便資料的儲放，也方便未來的搜尋。

　　我們在以前將一份文件、一份記錄稱為一個檔案。這種檔案往往是由一大疊文件所組成的。大量文件所造成的問題除了佔用大量的空間之外，在搜尋資料時非常不便，即使利用索引或編號，能快速找到文件夾，但往往所需的資料不知分散至哪一個索引。不同的文件歸檔方式或是不同的文件管理師，若是採用的技術沒有一致，往往需要花費大量時間重新處理一次。使用文件檔案的另一個缺點是重複性很高，同一份文件若是屬於不同主文件的附件，則需要複製一份留存，非常浪費空間。

　　到了電腦時代，我們將文件資料進行數位化，例如：照片掃瞄為圖檔，文件以打字輸入儲存等等。但是文件的性質仍然存在，只是改名叫作「檔案」。

　　一個文件檔案，在開啟之前，無法得知內容包含了什麼資料。雖然透過應用程式的存取，可以快速的進行搜尋與取代等功能，但是要查詢不同格式或不同條件的資料，仍有相當的困難，例如：存放在 EXCEL 中的文字，與存放在純文字檔中的文字，所需要的處理機制是不同的。

　　另外，網路時代也造就了許多資料的產生，各式的資料應用環境，產生了更大量的資料，例如：登錄檔、記錄檔、交易資訊等等。而這些資料該如何儲存管理呢？最好的方式就是透過資料庫。

　　我們可以將資料庫單純的視為「依特定規格儲放資料的地方」，這樣的定義很容易理解，但無法體會它的功用。資料庫不論在儲存的效率或是使用便利性上，都做了很大的努力，在下一章節，可以看到資料庫系統的多層式架構，因為這些架構，讓資料庫具有適用在多種環境下的彈性，而這些彈性，讓資料庫成為各式資訊系統不可或缺的存在。

在電腦中用檔案與資料夾的方式來管理資料

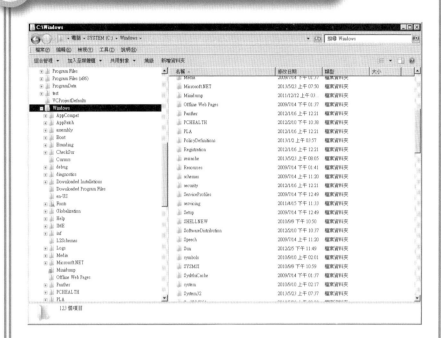

採用傳統檔案處理系統的缺點

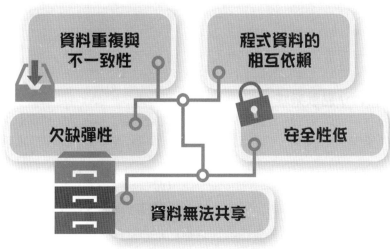

資料重複與
不一致性

程式資料的
相互依賴

欠缺彈性

安全性低

資料無法共享

在生活周遭的資訊應用中，常見的資料庫應用有哪些呢？

1. 財金交易系統

銀行間的交易行為與金融數據常大量且重要的資料，一個數字都不容許發生錯誤。這樣的系統當然需要由資料庫系統來妥善管理與儲存。

2. 選課系統

各大學的選課動作皆已改為網路選課，課程資訊與修課學生的資訊也都儲存在資料庫中，以方便進行課程的查詢，與選課過程中的新增與修改。

3. 客戶資訊

大量的客戶資訊與往來記錄，若用 Excel 之類的文件來儲存是很沒有效率的，利用資料庫系統，我們可以快速的產生各式客戶資訊報表，並且快速的將客戶之間往來的記錄擷取，進一步進行分析並提供決策的輔助。

4. 進銷存貨系統

進貨、銷貨、存貨與盤點的資料數據，利用資料庫系統可以方便我們管理不同商品的狀態，包含盤點與商品保存期限的管理等等。

5. 訊息管理（如留言板 / 討論區）

不論是複雜如 Facebook 或是簡單如個人留言板，都是將文字訊息儲存在資料庫中，利用不同的應用程式界面來呈現這些訊息，產生不同的視覺效果與互動，資料庫可以儲存各種不同格式的資料，即使是圖片影像也可以儲存在資料庫中進行檢索。

6. 圖書館借閱系統與漫畫出租系統

書籍資料庫是非常常見的資料庫應用。大型圖書館的書籍量動輒數百萬冊，不可能透過一個文件或是一個資料夾來儲存書目資訊，所以當然要靠資料庫來處理。資料庫系統提供的查詢功能，可以讓我們指定作者、年份、出版社、書目等資料來搜索我們想要的書籍。而漫畫出租系統可以看成是簡化版的圖書館借閱系統，再加上借閱金的管理功能。

7. KTV 點歌系統

較有規模的 KTV 收錄了中英文的歌曲數萬首，不管是利用歌名、歌手或是曲風來進行搜索，背後都必須仰賴一個穩定有效率的資料庫系統來完成。

從這些例子就可以知道，我們生活中常見的資訊系統，往往背後都有一套資料庫系統默默的完成最吃力的動作。若是資料庫系統不能提供高效能的運算，那我們在使用這些資訊系統時想必是非常痛苦的，若是資料庫系統不能提供高穩定性的表現，那我們要怎麼相信資料已經儲存了呢？資料庫是許多系統背後的無名英雄，即使透過不同的實作方式或是有不同的名稱，但資料庫所代表的概念是通用的。

常見的資料庫應用

① 財金交易系統

② 選課系統

③ 客戶資訊

④ 進銷存貨系統

⑤ 訊息管理（如留言板/討論區）

⑥ 圖書館借閱系統與漫畫出租系統

⑦ KTV點歌系統

 資料庫的特點

1 節省空間

2 提升擷取資料的速度

3 提供資料共享

4 減低資料不一致的可能

5 提高資料的正確性

6 提高資料安全性

7 提供交易管理

Unit 1-2
資料庫管理系統

我們在操作資料庫時，並不是直接將儲存資料的檔案打開、讀取、關閉，而是透過一個系統來做為界面，這個系統稱為資料庫管理系統。

而**資料庫系統** (Database System) 是一種包含使用者、應用程式、資料庫管理員、資料庫管理系統與資料庫的系統。

使用者透過**瀏覽器** (Browser) 來瀏覽網頁，而這些網頁是透過伺服器所產生，當網頁內容需要使用到資料庫的內容時，伺服器軟體 (在此以微軟的 IIS 為例)，會透過 ADO 向資料庫管理系統 (在此以微軟 SQL Server 為例) 去讀寫資料；而資料庫中的管理則是透過資料庫管理員 (Database Administrator, DBA) 來完成的。

資料庫 (Database) 可以定義成：「一種可共用與分享並具有特定組織的資料集合」，也就是說，資料的規劃與操作都是透過一定的資料模型與資料結構來完成，而且這些資料是可以共用與分享的。一個文字檔與一個 Excel 檔，我們都可以將其稱為資料庫，但是讀寫與共用分享的效率並不好，所以，不同廠商的資料庫都以各自開發的特殊結構來實作，以求達到最好的效率。

建立資料庫的目的有以下四點：

1. 低重複性：儘可能的避免儲存重複的資料。

2. 資料獨立性：資料與資料之間的相依性儘可能的低。

3. 易擴展性：新增資料所需要花費的成本很低。

4. 快速獲得所需的資料：儘量增加查詢資料的效率。

資料庫管理系統 (Database Management System, DBMS) 指的是負責管理資料庫的系統。現今我們所稱呼的資料庫，其實應該是指資料庫管理系統，因為單指資料庫通常說的是儲存資料的特定檔案格式，並不是可以任意存取讀寫、操作使用的對象。

網頁資料庫的情境圖

使用者、網頁服務與資料庫系統的三層式架構

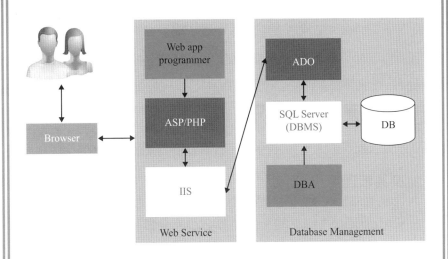

| Web app programmer |
| Browser | ASP/PHP |
| IIS |
| ADO |
| SQL Server (DBMS) | DB |
| DBA |
| Web Service | Database Management |

 建立資料庫的目的

 建立資料庫的目的

快速獲得所需的資料，儘量增加查詢資料的效率

易擴展性，新增資料所需要費的成本很低

資料獨立性，資料與資料之間的相依性儘可能的低

低重複性，儘可能的避免儲存重複的資料

常見的資料庫管理系統如：(1) Oracle OracleDB；(2) Microsoft SQL Server；(3) MySQL；(4) Postgres；(5) SQLite。其實都是包含了管理系統的產品，至少也會提供一個管理員界面來做為資料庫管理員與資料庫的溝通管道，而不是只有資料庫而已。但為了方便稱呼，在後續的章節中，我們會以「資料庫」來代稱「資料庫管理系統」。

資料庫管理系統包含了相當多的功能，我們在這裡並不打算一一詳細說明，僅列舉一些較為重要與常見的功能。

1. 資料儲存、擷取與更新

利用查詢語言來進行動作。隱藏實作細節，不需要讓使用者知道資料儲存的格式為何，也不需要讓使用者知道查詢的過程是怎麼處理的。

2. 交易管理

交易管理具有的四個性質簡稱為 ACID：

- Atomicity：交易的所有運算必須完全做完 (commit)，或是完全不做 (abort)。
- Concurrency：多人同時存取同一個資料庫時，平行處理的結果必須和循序處理的結果一致。
- Isolation：一個交易的中間過程結果不能被其它交易存取。
- Durability：如果一個已經確認 (commit) 的交易因為資料庫系統的問題而中斷，在資料庫系統回復後必須繼續進行 commit 動作，不能因為系統中斷而中止。

3. 並行處理控制

DBMS 必須確保多人使用資料庫時，不會發生資料互相干擾的情況，大型網站的資料庫甚至會有同時數百萬人同時存取的現象。

4. 授權管理

只有被授權的使用者可以存取資料庫。

依據不同的授權，使用者可以存取的資料內容也有所不同。

5. 災難復原機制

交易失敗 (abort)，也就是一連串的資料庫動作最終失敗後，必須可以復原到原先狀態，舉例來說，有個入帳的動作需要更改到五個資料表，當更改到第五個資料表時，資料庫發生某些錯誤，則這五個資料表必須可以回復到一開始入帳前的狀態。

常見的資料庫管理系統

✓ **Oracle OracleDB**

✓ **Microsoft SQL Server**

✓ **MySQL**

✓ **Postgres**

✓ **SQLite**

 資料庫管理系統的常見功能

1 資料儲存、擷取與更新

2 交易管理

3 並行處理控制

> 交易管理具有的四個性質 (ACID)
> - Atomicity
> - Concurrency
> - Isolation
> - Durability

4 授權管理

5 災難復原機制

Unit **1-3**
資料庫的使用者

應用程式是指自行開發的使用者界面，因為並非每個使用者都會操作複雜的資料庫，所以必須藉由另外設計的程式，來提供較簡單且人性化的操作介面。

資料庫系統從設計、建立、操作到管理階段，都會有不同的使用者參與，我們可以大致區分出四種類型：

1. 資料庫設計者 (Database Designer)

資料庫設計者負責整個資料庫系統的設計，依據使用者的需求或是專案的需求來設計各個資料庫與資料表，並對資料表的內容進行適當的調整。

2. 資料庫管理者 (DataBase Administrator, DBA)

資料庫建好之後，便可以交給資料庫管理者來負責管理及維護，需要考慮的面向包含了安全性的管理、資料庫內容的備份與運作的效能組態調整等等。

3. 應用程式設計者 (Application Designer)

應用程式設計者負責撰寫存取資料庫的用戶端應用程式，讓使用者得以透過方便的操作界面來使用資料庫。許多應用程式的背後都是使用資料庫來完成的，不過對於使用者來說，並不需要知道資料庫的部份是如何實作完成，例如，使用者開啟一個應用程式時，要求輸入使用者的帳號與密碼，使用者並不需要知道帳號與密碼的比對是如何完成的，也不需要知道應用程式是如何判斷這個帳號是否存在，然而，這些資料極有可能是使用資料庫實作出來的。

4. 一般使用者 (End User)

一般使用者就是真正經常在存取資料庫的使用者，他們只需要學會用戶端的應用程式，不需要擔心資料庫的維護或管理方面的任何問題，當然也不會去參與資料庫的設計。

在人手較為不足的情況下，一組人常常兼任資料庫設計者與資料庫管理者，在小型專案上，甚至也兼任應用程式設計者。越來越多的程式設計師加入學習資料庫的行列，為的就是要將資料庫應用在他們的程式專案中。

資料庫系統使用者的四種類型

資料庫設計者

資料庫設計者負責整個資料庫系統的設計，依據使用者的需求或是專案的需求來設計各個資料庫與資料表，並對資料表的內容進行適當的調整。

資料庫管理者

資料庫建好之後，便可以交給資料庫管理者來負責管理及維護，需要考慮的面向包含了安全性的管理、資料庫內容的備份與運作的效能組態調整等等。

**應用程式
設計者**

應用程式設計者負責撰寫存取資料庫的用戶端應用程式，讓使用者得以透過方便的操作界面來使用資料庫。

一 般 使 用 者

一般使用者就是真正經常在存取資料庫的使用者，他們只需要學會用戶端的應用程式，不需要擔心資料庫的維護或管理方面的任何問題，當然也不會去參與資料庫的設計。

Unit 1-4
資料模型

所謂**模型** (Model) 是一種現實世界的類比，例如：建築模型，雖然不能當成真的房子來住，但是我們人類一看就知道它是代表了一種建築；又例如地球模型，我們可以將現實世界的地球形狀以模型來呈現，這就是模型的用途。

資料是捉摸不到的一種無形物。我們要將資料呈現出來的時候，就必須用現實世界可以理解的方式來模擬，因此，這種將資料以抽象概念來呈現的方式，稱為資料模型。

以使用者的角度來看，我們需要的是資訊模型，也就是在設計資料庫的時候，我們需要考慮如何將正確的資訊放入資料庫中；但是在資料庫的實作上，我們則將其稱為資料模型，需考慮的問題在於如何將資料儲存至電腦系統中。

資料模型的組成要素：

1. 資料結構
資料結構的用途在於描述資料的型態、內容與其性質，或者可說是資料的靜態特性，目的在於描述資料彼此的關係。

2. 資料操作
資料操作的用途則是定義出操作與運算的方式與規則，目的在於實現操作的功能。資料操作相對於資料結構而言，也稱為系統動態特性。

3. 資料約束
資料約束的主要目的是為了保持資料的正確性與完整性，它包含了制約與依存的規則。

建立模型時，需要考慮的問題

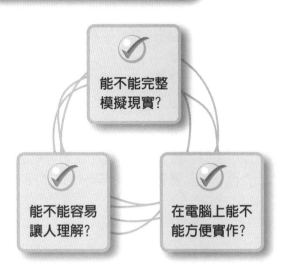

能不能完整
模擬現實？

能不能容易
讓人理解？

在電腦上能不
能方便實作？

 資料模型的組成要素

1 資料結構

資料結構用於描述資料的型態、內容與其性質，或可說是
資料的靜態特性，目的在於描述資料彼此的關係。

2 資料操作

資料操作的用途則是定義出操作與運算的方式與規則，目
的在於實現操作的功能。資料操作相對於資料結構而言，
也稱為系統動態特性。

3 資料約束

資料約束的主要目的是為了保持資料的正確性與完整性，
它包含了制約與依存的規則。

用「學生」資料為例，學生的資料結構定義了一個「學生」應該具備哪些屬性或性質，像是姓名、學號、電話、地址、興趣、社團、科系等等。這些欄位可以用來描述一個學生，所以說是靜態特性。

學生資料可以用來做哪些操作呢？當學生轉系或是更換社團時，資料的異動就是一種操作。對整個資料表而言，新增一位學生或是刪除一位學生，都是一種操作。

而資料約束則可以用在每一個性質上，例如我們可以定義學號的範圍、科系的範圍、地址的長度、電話號碼的長度等等，以確保資料內容是符合要求、正確無誤的。

資料模型可以再分為概念性、表示性與實體資料模型，我們分述如下。

1. 概念性資料模型

主要是以概念的方式讓人了解資料庫結構。可用的工具包含了**實體關聯模型 (Entity-Relation Model, E-R model)** 與**物件導向模型 (Object Oriented model, OO model)** 等等。應用在資料庫的實作之前，也就是設計階段，目的在於方便設計師進行溝通與細部調整。

2. 表示性資料模型

如何將概念性的想法用資料庫系統來實現。這裡可選用的工具依選擇的資料庫系統來決定，例如：階層式、網路式與關聯式等等。以關聯式資料庫為例，表示性資料模型包含了欄位的定義、表格之間關聯的定義等等。

3. 實體資料模型

這個模型考慮的是如何儲存資料到電腦中。需要考慮如何減少使用空間、增加執行的效能還有資訊安全的機制等等。

圖解資料庫

資料模型的分類

**概念性
資料模型**

▪ 主要是以概念的方式讓人了解資料庫結構。可用的工具包含了實體關聯模型(Entity-Relation Model，E-R model)與物件導向模型(Object Oriented model, OO model)等等。

▪ 應用在資料庫的實作之前，也就是設計階段，目的在於方便設計師進行溝通與細部調整。

**表示性
資料模型**

▪ 如何將概念性的想法用資料庫系統來實現。這裡可選用的工具依選擇的資料庫系統來決定，例如：階層式、網路式與關聯式等等。

▪ 以關聯式資料庫為例，表示性資料模型包含了欄位的定義、表格之間關聯的定義等等。

**實體
資料模型**

▪ 這個模型考慮的是如何儲存資料到電腦中。

▪ 需要考慮如何減少使用空間、增加執行的效能還有資訊安全的機制等等。

Unit **1-5**
資料庫的三層式架構

圖解資料庫

　　資料庫系統的架構依不同的觀點可以分割成不同的功能，我們將使用者與硬體設備看成兩端，依模型、功能與元件三種觀點進行劃分，如右上圖所示。

　　從右上圖可以發現，資料庫系統依不同的觀念所分割的層級具有相似度，可以明顯看出對應關係。我們將這些架構以三層式架構的概念來解釋。

　　首先，我們先定義何謂**綱要** (Schema)。綱要指的是資料的邏輯結構與其特徵。當我們用表格來表示資料時，綱要就像是標題一般，或是當我們以 EXCEL 來呈現資料時，綱要可以看成是每個欄位的名稱。當綱要已經定義完成後，我們將值填入對應的綱要，此時這樣一筆一筆的記錄即為一個綱要的**實體** (instance)。

小博士解說

　　資料表之所以要定義綱要，是因為我們在表示資料時，習慣給資料一個「標題」，當資料是由許多獨立資料所組成，例如學生個人資料是由姓名、學號、地址這些資料組成的，我們必須為每個獨立資料取一個名字，不然我們就不知道 B10213001 是哪一種資料。當我們決定資料表的綱要之後，再來就像是填表一樣，將資料填入即可。EXCEL 的資料輸入樣式已經深植人心，所以像這樣填表的資料輸入方式，對大部份人來說都是非常直覺的喔。

　　雖然我們都可以一眼看出資料的內容是屬於什麼東西，像是「王大明」應該是個名字而不是地址，但電腦是不會這樣聰明判斷的，所以一個適當的命名是很重要的事情，也就凸顯出了綱要設計的重要性。但是電腦在儲存時，需要知道「王大明」是「姓名」嗎？不需要，對電腦而言，欄位的標題與內容都是資料的一種，它無需去做分辨，這種人與電腦之間的差異，就是為什麼我們要用多層式的架構來描述資料庫啦。

依模型、功能與元件的觀點區分的架構圖

使用者端

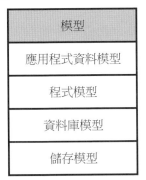

模型	功能	元件
應用程式資料模型	應用程式	UI 與 API
程式模型	執行	SQL
資料庫模型	表現	交易管理
儲存模型	儲存	資料庫引擎
		資料管理員
		儲存管理員

硬體端

 綱要與實體的範例

ID	Name	Gender	Phone	Address
00001	chen	male	12345678	xxyy
00002	jylin	male	23456789	aabbcc
00003	wang	female	99223344	zzkkee

表格內的 ID、Name、Gender、Phone 與 Address 即為綱要，
而 (0001, chen, male, 12345678,xxyy) 即為一個實體，我們
平常處理的記錄都是實體。

資料庫系統依對象將資料以不同層級來表示，我們將其分為外部層 (External Level)、概念層 (Conceptual Level) 與內部層 (Interior Level)。

外部層

1. 外部層是與使用者或應用程式相關的部份資料庫資料，我們說「部份」，是因為使用者或應用程式往往不需要使用到全部的資料，我們可以透過篩選資料、建立檢視表 (View) 的方式，讓外部層僅能存取受限的欄位或記錄。

2. 外部層綱要通常只是綱要的一部份。這可能是因為使用者不需要所有的資料欄位，也可能是使用者沒有擷取某些欄位資料的權限。

3. 依不同的使用者與不同的應用程式，一個資料庫需要提供多種不同的外部層綱要。

概念層

1. 純概念性的綱要。也就是這一層的綱要與應用程式如何存取無關，與資料實際儲存的方法也無關，例如，學生的個人資料綱要；要如何去存取這些記錄，與概念層無關，要如何去儲存這些記錄，也與概念層無關，在這一層，我們只要知道學生的個人資料是以這樣的綱要來記錄就夠了。

2. 主要是定義資料的邏輯結構與資料之間的關係，在這一層中，我們主要考量邏輯上資料的呈現與可能的運算是否合乎這個資料表的邏輯。

內部層

1. 到了這個層級，所考慮的東西是資料實際儲存的方法。也就是考量到支援的作業系統、檔案系統與其它軟硬體等等。

2. 強調資料的安全性、完整性與存取、運算效率。

一個資料庫的存取動作即在此三層架構中運作，層級之間透過映射來傳遞資料。完整的綱要資訊儲存在概念層，外部層通常只需要部份綱要，因此，在概念曾與外部層的映射中，主要即是完整綱要與所需部份綱要之間的對應處理。

資料庫系統的三層式架構（依對象來表示）

資料庫系統的三種層級

內部層 （又稱實體層）	概念層	外部層 （又稱景象層）

內部層（又稱實體層）

1. 考量到支援的作業系統、檔案系統與其它軟硬體等。

2. 強調資料的安全性、完整性與存取、運算效率。

概念層

1. 純概念性的綱要。也就是這一層的綱要與應用程式如何存取無關，與資料實際儲存的方法也無關。

2. 主要是定義資料的邏輯結構與資料之間的關係。

外部層（又稱景象層）

1. 外部層是與使用者或應用程式相關的部份資料庫資料。

2. 外部層綱要通常只是綱要的一部份。

3. 依不同的使用者與不同的應用程式，一個資料庫需要提供多種不同的外部層綱要。

較為特別的是，當概念層的綱要發生變化時，外部層綱要可以暫時不予改變。如果現在是內部層發生變化，例如資料的儲存結構改變時，概念層與內部層的映射最重要的是保持住概念層的綱要。

圖解資料庫

前面的章節提到了資料模型有很多種，目前最普遍的是關聯式資料模型。關聯式資料模型是將相關的資料合併在一個表格中，這個表格即稱為關聯表 (Relations)。

關聯式資料模型

不同的資料放在一個關聯表中，表示它們有共同的欄位屬性。關聯表與關聯表之間的關係是建築在資料的值上。

我們以右下表為例：

1 整個表格稱為關聯表、資料表，或簡稱為表。

2 一筆記錄稱為一個值組 (Tuple)。

3 一個欄位稱為一個屬性 (Attribute)。

4 欄位中的一個值即為欄位值 (Attribute value)。

5 欄位值的範圍稱為值域 (domain)，30 到 300 之間的浮點數。

6 而 (ID, Name, Gender, Phone, Address) 即如前面的章節所述，稱為關聯綱要。

資料庫系統的三種層級

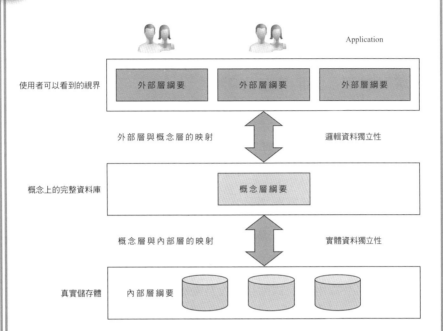

關聯表

ID	Name	Gender	Phone	Address
00001	chen	male	12345678	xxyy
00002	jylin	male	23456789	aabbcc
00003	wang	female	99223344	zzkkee

圖解資料庫

習題

1. 使用檔案來管理資料的優缺點有哪些？試著舉出幾個例子。

2. 舉出三種資料庫系統的實例，並說明為什麼這些環境需要使用資料庫系統，若不使用，會有什麼問題。

3. 說明資料庫、資料庫管理系統的差異。

4. 資料庫系統與不同的使用者類型之間具有不同的對應處理方式，請舉出實例說明。

5. 為什麼資料庫系統需要隱藏實作細節？

6. 假設你要實作一個資料庫系統，請依不同的資料模型說明你的實作概念。

7. 如果我們不採用三層式架構，改為兩層式，你會如何修改？為什麼？

8. 舉例說明綱要與實體。

9. 請試著用紙筆設計一個可以存放圖書館圖書資訊的關聯表。

第 2 章

資料庫的設計

章節體系架構 ▼

Unit **2-1**
設計資料庫的流程

　　要如何設計一個好的資料庫呢？好的資料庫指的是未來不需要進行修改，或是修改的幅度很小，不至於影響到已經儲存在資料庫裡的資料，在進行 SQL 查詢等動作的時候都能保有一定效率。在資料庫系統的生命週期中，資料庫的規劃時間相較於其使用時間，只佔了相當小的一部份，然而，若是設計失當，後續的管理與使用會遇到相當大的困擾；若是資料量已經很龐大，要移轉到新的資料庫需要耗費大量時間，往往讓使用者陷入兩難。

　　在規劃的階段，我們需要考量的要點有下列幾個：

1. 了解現有需求並預測未來需求

　　這一點需要對資料的來源與領域具備一定深度的了解。

2. 了解資料庫服務的現在目標與未來目標

　　需要考慮到應用這個資料庫的應用程式目的為何。

3. 了解軟硬體限制

　　建置預算與成本。

4. 定義專案範圍

　　專案範圍若是未定義清楚，很容易因為考慮太多多餘的要素，使得資料庫設計得過於繁雜，在使用時需要考慮許多不需要的資料欄位，導致時間上的浪費。

5. 收集需求並分析需求

　　先分析需求才能夠為滿足這些需求來設計一個量身定做的資料庫。

　　在開始進行資料庫設計時，可以依資料庫的目標、資料量的預測來區分為小型資料庫與大型資料庫。若是小型資料庫，則我們可使用由下而上 (bottom-up) 的設計步驟，順序如下：

　　1. 把每個個體的屬性定義出來
　　2. 找出屬性之間的相關性
　　3. 把相關屬性連結成關聯表

　　相對的，如果是大型資料庫，則我們可以使用由上而下 (top-down) 的方式：

　　1. 分析資料模型
　　2. 將資料模型中獨立的部位拆解，形成多個關聯表
　　3. 為每個關聯表建立其屬性

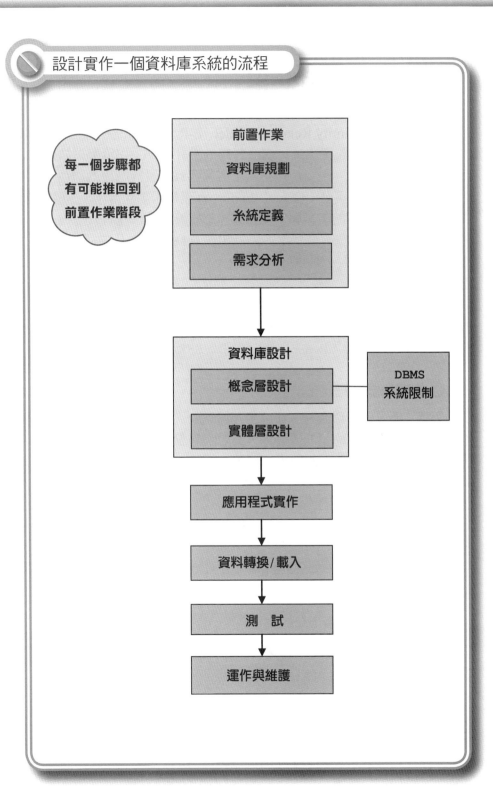

每一個步驟都
有可能推回到
前置作業階段

前置作業

資料庫規劃

糸統定義

需求分析

資料庫設計

概念層設計

實體層設計

DBMS
系統限制

應用程式實作

資料轉換/載入

測　試

運作與維護

Unit **2-2**
個體關係模型

個體關係模型(Entity Relation Model , E-R Model) 係由陳品山(Peter P. S. Chen) 於 1976 年提出的一套資料庫的設計工具。它可用來描述概念上的資料庫邏輯架構，主要功能是為了方便資料庫設計階段的溝通。資料庫的規劃與設計往往不是一個人可以完成，而是透過團隊合作。在規劃時，成員之間必須有一致的工具與表達方式，才能讓成員快速有效率的了解規劃的原則、邏輯與想法，確保最後設計出的資料庫不會出錯。而表達的工具中，個體關係模型是一種很好的方式。

在個體關係模型建立之後，我們可以很快的透過這個模型去建立出各個必要的資料表。依據同樣的 ER Model 時，要產生出不同的資料庫綱要的可能性很低。

◎ 個體和弱個體

個體：是指一種東西、一種可相互區別的人、事、物。個體可以是具體的，也可以是抽象的概念或關係，例如我們說一台車、一種身份職務、一種單位、一種交易、一個數學定理等，都是一種個體。個體的圖示是一個實線方框。

弱個體 (Weak Entity)：如果一個個體是因為其它個體才存在，則這個個體稱為「弱個體」，例如「家長」個體是因為「學生」個體才存在，沒有學生怎麼會有家長呢？弱個體本身並不能包含關鍵屬性，且不能單獨存在於資料庫中，必須借用它所依附的個體的關鍵屬性，繼續用上述的例子，「家長」不會單獨存在於資料庫中，而且「家長」的關鍵屬性是借用「學生」個體的關鍵屬性。

弱個體的圖示法是用雙實線所繪製的方框。

◎ 屬性

個體所具有的特性與性質等。亦即個體可由若干個屬性來描述，像是一台紅色的車，我們將「紅色」看成是「車」這個個體的一種屬性；又如會員個體是由姓名、生日、職業、住址、ID、學歷等屬性所組成。屬性的

圖示以橢圓形表示。

　　屬性又可以再細分為複合屬性、多值屬性、儲存屬性與推導屬性。

1. 儲存屬性

　　　就是一般的屬性，我們平常所指的屬性即為此類。我們用一個橢圓型來表示，當這個屬性是資料的關鍵屬性時，則將屬性名稱加上底線。

2. 複合屬性

　　　由兩個以上的子屬性所組成，例如地址可以由「郵遞區號」、「縣市」與「地址」三個子屬性來組成。此種屬性的圖示法是將子屬性與屬性連結在一起。

3. 多值屬性

　　　表示這個屬性的值可以有許多種，例如「電話號碼」。多值屬性的圖示法是以雙線橢圓形取代單實線。

4. 推導屬性

　　　推導屬性是指其值為其它屬性經過計算的結果。例如「總價」可以是一種屬性，但它並不是由「單價」與「數量」兩個屬性所組成，而是由「單價」與「數量」相乘計算而來。又如星座屬性可由生日屬性推導而出。

　　　推導屬性的表示法是以虛線而不是實線來表示，而且推導屬性雖然是由其它屬性計算而來，但它不需要跟那些屬性相連。

　　關鍵個體：在每一個個體型態中，有一個特別的屬性，可根據它的屬性找出其個體的資料，也就是說，在任何情況下，其屬性值均是唯一的，這個屬性稱為該個體的鍵或關鍵屬性。

　　我們來看看個體的例子，例如我們想表示出「學生」個體，學生有學號、性別、姓名、科系、興趣、生日與年齡，若學號為關鍵屬性，則我們可以將學生個體表示如右圖。

◎ 關係

　　個體與個體之間具備一定的關係。一個個體參考到另一個個體時，關係就存在，而我們即是利用關係來表示參考的情況。例如「客戶」個體與「帳單」個體就具備了一個「付款」的關係。關係的圖示法是一個實線菱形。

　　關係的與個體互相連接，連接的個體數量就是這個關係的參與者數量。在大多數的情況下，一個關係會連結到兩個個體型態，稱為二元關係型態。

　　對於二元關係型態，我們可以考量兩個個體對於這個關係的性質，區分為一對一關係、一對多關係與多對多關係。

　　● 一對一關係：記作 1:1，表示左邊的**一個個體**最多與右邊的**一個個體**發生此類關係，同時右邊的**一個個體**最多也只能跟左邊的**一個個體**發生此類關係。

　　● 一對多關係：記作 1:N，表示左邊的**一個個體**最多可與右邊的**多個個體**發生此類關係，但右邊的**一個個體**最多也只能跟左邊的**一個個體**發生此類關係。

　　● 多對多關係：記作 M:N，表示左邊的**一個個體**最多可與右邊的**多個個體**發生此類關係，同時右邊的**一個個體**最多也能跟左邊的**多個個體**發生此類關係。

　　關係是可以具有屬性的，例如「選民」與「候選人」具有「投票」的關係，若現在一個選民可以投兩張票，則「票數」可以是「投票」的一個屬性。

小博士解說

　　姓名是由姓與名所組成的複合屬性；年齡可以由生日來推算，因此是一個推導屬性；學生可以有許多不同的興趣，因此我們將興趣表示為一個多值屬性；學生的學號是獨一無二具有識別度的屬性，非常適合作為關鍵屬性。

圖　形	意　義	圖　形	意　義
	個體		複合屬性
	弱個體		多值屬性
	儲存屬性		推導屬性
	關鍵屬性		關係

學生個體與屬性的關係圖

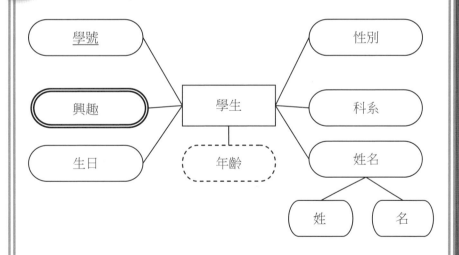

個體關係圖

　　個體關係模型所定義的一套個體型態的圖形，以
方便我們呈現所有的個體與個體之間的關係。

設計 ER-Model 的時候，我們可以先將情境、假想狀況寫成文字，在確認文字敘述沒有問題之後，再從文字轉成 ER-Model。轉換的方式並不複雜，在轉換時，可以依循下列幾項基本原則：

1. 名詞轉換為個體

「學生」、「車子」、「客戶」、「電腦」等等都是名詞，這些名詞用來描述一種個體，所以很自然地可以轉換為一個 ER-Model。

2. 動詞轉換為關係

「學生繳交學費」、「車子添加汽油」、「客戶購買手機」、「電腦運算十個程式」，其中「繳交」、「添加」、「購買」、「運算」都是動詞，也都是兩個個體之間所具有的關係。

3. 所有格轉換為屬性

「學生的性別」、「車子的顏色」、「客戶的地址」、「電腦的處理器」，很自然的我們會發現「性別」、「顏色」、「地址」與「處理器」都是個體的屬性。

4. 形容詞轉換為屬性

雖然大部份的屬性是所有格，但是諸如「資工系的學生」、「紅色的車子」、「來自台北市的客戶」、「多核心的電腦」中，「資工系的」、「紅色的」、「來自台北市的」與「多核心的」則是形容詞。這些形容詞是用來修飾名詞（也就是個體），因此很自然的是個體的屬性。

5. 副詞轉換為關係上的屬性

形容詞用來修飾名詞，修飾動詞的則是副詞，例如「學生心痛地繳交學費」、「車子斷斷續續地添加汽油」、「客戶乾脆地購買手機」、「電腦順暢地運算十個程式」，可以知道「心痛地」、「斷斷續續地」、「乾脆地」與「順暢地」是用來修飾動詞，也就是關係。

轉換 ER-Model 所依循的基本原則

① 名詞轉換為個體

② 動詞轉換為關係

③ 所有格轉換為屬性

④ 形容詞轉換為屬性

⑤ 副詞轉換為關係上的屬性

轉換 ER-Model 的步驟

1. 求取實體屬性：先了解情境解析的每一個個體，然後將每一個個體再加上其組成的屬性。
2. 求取個體與個體的關係。
3. 將所有個體顯示出來，亦即敘述個體參與關係的情況。
4. 將所有個體間的關係加入，畫出初步的 ER-Model。
5. 將所有屬性加入，畫出詳細的 ER-Model。

Unit 2-3
關聯的種類

圖解資料庫

　　利用外部鍵來形成關聯時，必須注意到，外部鍵自己並不是主鍵，沒有唯一性的要求。外部鍵所關聯到的目標欄位也不必是主鍵，因此，由外部鍵與相關聯資料表的欄位之間，我們可以推導出 1 對 1、1 對多、多對多的關係。

　　首先假設我們有兩個資料表 R1 與 R2，R1 的欄位為 R1_C1，R2 的欄位是 R2_C1。

1.1 對 1 關聯

　　假設 R1_C1 與 R2_C1 是 1 對 1 關聯，表示 R1_C1 中的一種欄位值只會對應到 R2_C1 的一種欄位值，反之亦然。例如會員編號與身份證號碼可以視為 1 對 1 的對應。

2.1 對多關聯

　　假設 R1_C1 與 R2_C1 是 1 對多關聯，則 R1_C1 中的一種值，在 R2_C1 中可以出現許多次。例如會員興趣與興趣代碼，在會員資料表中可以出現許多次相同的興趣代碼，但是在興趣資料表中，只會出現一種代碼而已。

3. 多對多關聯

　　假設 R1_C1 與 R2_C1 是多對多關聯，則 R1_C1 中的一種值，對應到 R2_C1 中可以出現許多次，反之亦然。但是在建立資料表時，並不建議使用多對多關聯，因為這兩個關聯的欄位彼此都可以出現許多次，這表示我們不容易找出他們的相關性。例如，若我們將某資料表的姓名與另一個資料表的地址進行關聯，則可能會出現二筆記錄，其中姓名不同但地址相同，也可能會出現二筆記錄，其中姓名相同但地址不同，如此很容易出現混淆的情形。

1對多關聯

例如:會員興趣與興趣代碼,在會員資料表中可以出現許多次相同的興趣代碼,但是在興趣資料表中,只會出現一種代碼而已。

關聯的種類

1對1關聯

資料表中的一種欄位值只會對應到另一種資料表的一種欄位值。例如:會員編號與身份證號碼可以視為1對1的對應。

多對多關聯

資料表中的一種值,對應到另一種資料表中可以出現許多次,反之亦然。這兩個關聯的欄位彼此都可以出現許多次。

Unit 2-4
主鍵與外部鍵

在介紹如何由 ER 模型轉換至關聯表之前，我們先介紹主鍵與外部鍵的概念。

資料表中，我們會建立一個欄位稱之為**主鍵 (Primary Key)**，這個主鍵的用意是用來辨別每一筆記錄，也就是說，每一筆記錄都會對應到一個不同的主鍵值，就像身份證號碼之於每一個國民一樣。

主鍵的特性：
1. 主鍵欄位一定有值且不會是 NULL (空值)。
2. 所有的欄位都功能相依於主鍵。假設主鍵是 X，對任意一個欄位 Y 來說，「Y → X」表示沒有任何兩筆記錄是 X 相同但 Y 不同的，因為 X 的值本來就不會有重複，因此不會有任何兩筆記錄具備相同的 X，所以這個定義是成立的。

Q&A　姓名能不能當成主索引鍵？不妥，因為有可能發生同名同姓的狀況；除非在一個可以確定不會出現同名同姓的環境下才可以。**一般來說，主鍵通常用一個整數型態來表示。**

外部鍵 (Foreign Key) 是關聯式資料表的重點之一。一個資料表 R1，它的欄位 R1_X 關聯到資料表 R2 的主鍵欄位 R2_Y，則 R1_X 即是一個外部鍵。資料表彼此之間的關聯性就是依靠外部鍵來建立的。我們透過 R1_X 與 R2_Y 的對應，可以找到兩個關聯表之間具有對應關係的所有資料。

關聯表之間並不一定彼此獨立，我們在後續會提到**正規化 (Normal Form)**，一個關聯表進行正規化的結果可能是被分割為兩個以上的關聯表，並以一些欄位進行關聯，而一個關聯表就是依靠其外部鍵來跟其它關鍵表產生相依。

假設我們要維護一個圖書館資料庫，我們可以將會員資料表與興趣資料表產生關聯，這樣就可以透過關聯來得知兩個表格之間的關係。

建立關聯式資料庫

| 會員編號 |
| 會員姓名 |
| 會員性別 |
| 會員興趣 |

| 興趣代碼 |
| 興趣詳情 |

 分割

會員資料表			
0001	克莉絲汀	女	1
0002	傑森	男	2
0003	強尼	男	2
0004	珍妮	女	1

興趣資料表	
1	言情小說
2	歷史小說
3	財金新聞

結論

　　在關聯建立後，我們可以透過「會員資料表」的欄位「會員興趣」連結至興趣資料表的「興趣代碼」，進一步得出興趣詳情，例如：「傑森」的興趣是「歷史小說」。會員興趣這個欄位就是一個外部鍵。

Unit **2-5** 由 ER-Model 轉換至關聯表

學生資料 ER Model 轉換為學生資料表

　　一個個體即為一個關聯表，此關聯表的欄位包含所有儲存屬性、將複合屬性展開所得到的所有屬性與所有單值屬性。複合屬性是由子屬性所組成，本身是不需要放入的，所以姓名屬性會由兩個欄位組成。由一個關鍵屬性來擔任主鍵。推導屬性也該放入，建置時再設定為計算欄位即可。

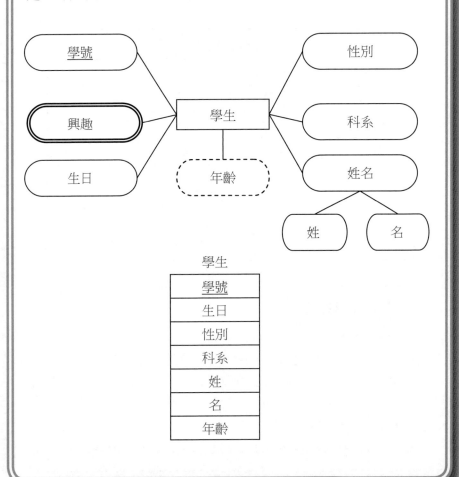

建立興趣資料表

　　多值屬性的處理比較不同，一個多值屬性必須獨立成為一個關聯表。這個關聯表中除了這個屬性之外，還需要建立一個欄位做為「外部鍵」，這個欄位會參考到原來包含這個多值屬性的個體。例如：一個「學生」個體包含了一個多值屬性為「興趣」，那麼　我們可以建立一個關聯表，名為「學生興趣」，它的第一個欄位是「興趣」，第二個欄位則是「學號」，這個欄位的值也就是「學生」個體的「學號」欄位值。

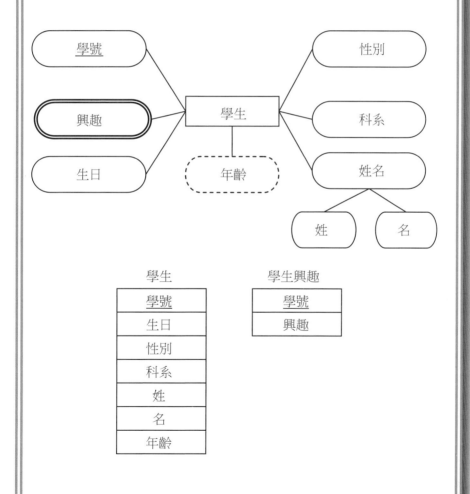

建立家長資料表

　　弱個體的處理方式與多值屬性很類似，也是要產生一個關聯表。它的欄位包含了原來此個體的屬性，再加上一個外部鍵，參照到此弱個體所依附的個體的主鍵欄位。而此弱個體的主鍵由自己的屬性與外部鍵所組成。例如：一個「家長」弱個體所形成的關聯表，可以使用「家長身份證號碼」與「學生學號」共同組成主鍵，因為一個家長可能有兩個學生在學，只使用身份證號碼將會產生主鍵重複的現象，只使用學生學號做為主鍵，則一個學生的兩位家長，就會讓主鍵重複，因此，將此兩個欄位合成為主鍵才可以避免問題發生。

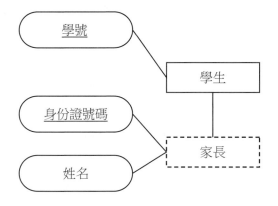

圖解資料庫

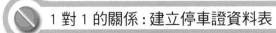

1 對 1 的關係：建立停車證資料表

關係的轉換，首先是 1 對 1 的關係。

1 對 1 的關係表示兩個個體相依性很強，例如「學生」與「停車證」，一個學生只能有一個停車證，而一張停車證只會屬於一個學生。此時，我們先決定哪一個個體具有較少的屬性，假設「停車證」個體只包含了「停車證號碼」、「停車位置」、「有效日期」三個屬性，那麼，我們就把「停車證」關聯表新增一個外部鍵，參考到「學生」的主鍵，也就是「學號」。

039

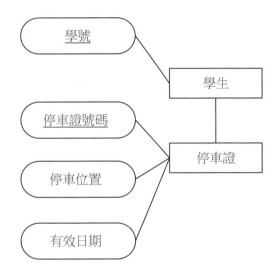

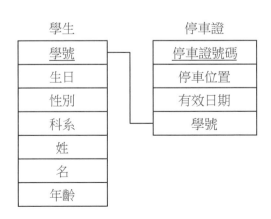

1 對多的關係：建立教室與社團資料表

我們再來看 1 對多的關係該如何轉換。

　　如果 A 個體與 B 個體具有 1 對多的關係，那我們就在 B 的欄位中新增一個外部鍵，並參考到 A 的主鍵。例如，「教室」與「社團」是 1 對多的關係。1 間教室可以給很多社團使用，而一個社團只會在一間教室進行活動。此時，我們將「社團」新增一個外部鍵「教室代碼」即可。

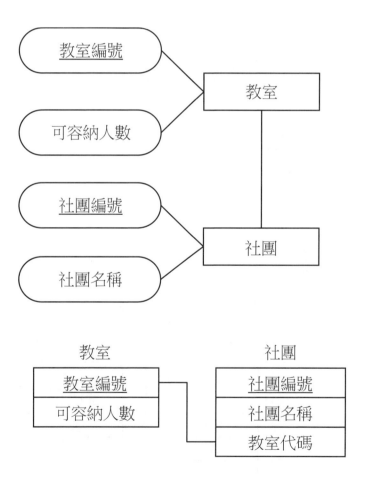

多對多的關係：建立一個中間資料表

多對多的關係並不是一個好的設計。

如果可行，應該將這種關係拆解成兩個一對多的關係，也就是尋找出一個新的個體，夾在中間，讓原有的兩個個體對此新個體形成一對多的關係。多對多關係的轉換就是建立一個新的關聯表，其中包含了兩個參與個體的所有主鍵。例如「學生」與「社團」，一個學生可以參加多個社團，一個社團中可以包含許多學生，我們可以建立一個新的關聯表，此關聯表只會有兩個欄位：「學號」與「社團編號」。

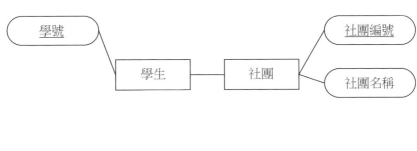

學生		學生與社團	社團	
學號		學號	社團編號	
生日		社團編號	社團名稱	
性別				
科系				
姓				
名				
年齡				

Unit 2-6
功能相依性

　　功能相依性 (Functional Dependency) 是指欄位之間具備相依性，也就是資料在獨立存在時，會發生無法解釋或是無法理解的狀況。

　　假設 R 是一個關聯表，X 與 Y 是 R 的子集合，也就是 R 的欄位，如果沒有任何兩筆以上的記錄是「X 的值相同但 Y 值不同的」，或是說，如果每一種不同的 X 值，都有唯一的 Y 可以跟它對應，則稱「X 在功能上決定了 Y」，或稱「Y 功能相依於 X」，表示為 X → Y，而 X → Y 即為 R 的一個功能相依。

　　聽起來很難以理解，我們舉例來說明，若在關聯表 R 中，有一筆記錄是 X=1 且 Y=2，若是另一筆記錄 X=1 且 Y=3，那我們就可以知道 Y 並沒有功能相依於 X，因為 X 的值並沒有決定了 Y 的值是多少。相對的，如果全部的記錄中，(X, Y) 的值只有 (1, 2) 與 (5, 9) 兩種，那我們就會認為，當 X=5 的時候，Y 一定等於 9，也就是 X 決定了 Y 的值，所以 X → Y。簡單的判斷依據是，若任意兩筆記錄的 X 相同時，這兩筆記錄的 Y 值是否也是相同？若是，則表示存在一個 X → Y。

　　以右上表為例，大發與豐順兩家店的所在地都在台北市，這兩筆記錄的縣市相同時，電話區碼也相同，所以很明顯的，我們可以說這個資料表具備了二個功能相依：「縣市 → 電話區碼」與「電話區碼 → 縣市」。

　　我們來看另一個例子，右下表中，我們發現剛才的功能相依「電話區碼 → 縣市」已經不見了，因為在區碼 03 的兩筆記錄中，一筆是中壢市，另一筆是新竹市。

　　從定義與這兩個例子，我們可以發現，功能相依性會隨著資料的變化而產生改變。在資料尚未完全輸入時，我們必須預估並模擬資料的內容為何，來判斷欄位之間是否會具有功能相依。

區碼與縣市可以一一對應

店名	縣市	電話區碼	電話
順泰	中壢市	03	1234567
大發	台北市	02	12345678
金財	台中市	04	2345678
良興	台東縣	089	123456
五豐	高雄市	07	3456789
豐順	台北市	02	23456789

區碼 03 對應到不同的縣市

店名	縣市	電話區碼	電話
順泰	中壢市	03	1234567
大發	台北市	02	12345678
金財	台中市	04	2345678
良興	台東縣	089	123456
五豐	高雄市	07	3456789
豐順	台北市	02	23456789
大有	新竹市	03	2323232

Unit **2-7**
正規化

　　正規化 (Normalization Form) 是在資料庫中組織資料庫的程序，包括資料表的建立，以及在這些資料表之間根據規則建立關聯性。其目的在於刪除重複的資料，並刪除不一致的功能相依性，保護資料，並讓資料更有彈性，進而提升資料查詢的效率。

　　正規化是一連串的操作，分為第一正規化、第二正規化、第三正規化、Boyce Code 正規化 (BCNF) 與第五正規化。但第五正規化在實務上很少使用。正規化的動作是在資料記錄已經輸入後才開始的，但是在規劃作業中，我們經常用模擬的方式來輸入值，以判斷是否會出現需要進行正規化的時機。正規化的步驟是漸進的，第一正規化必須先做完，才能繼續處理第二正規化。

第一正規化
要滿足第一正規化必須符合下列兩個條件：
1. 資料表中的每個欄位，其值都是單一值。
2. 資料表具有主鍵。

第二正規化
　　第二正規化的資料表的特性是「除了主鍵之外的所有欄位，都全功能相依於主鍵」。所謂的**全功能相依 (Full Dependency)** 是指，欄位必須只能功能相依於主鍵欄位，而不能相依於其它欄位。

　　有時主鍵並非只有一個欄位，因此，全功能相依時，資料表中的每一個欄位，都功能相依於所有的主鍵。在進行第二正規化時，往往需要分割資料表為較小的資料表，雖然資料表的數量變多了，但整理而言，資料量反而減少了，這是因為刪除了重複資料的緣故。

第三正規化
　　第三正規化的定義是「非索引鍵的欄位沒有間接相依於主鍵」。間接相依的意思是指，欄位 C1 與 C2 除了相依於主鍵之外，C1 還相依於欄位 C2。第三正規化處理後，欄位之間將不再有從屬關係存在，只會相依於主鍵。

圖解資料庫

正規化範例資料表

● 未正規劃的資料表

假設我們有一個店家採購的記錄資料表，如下表所示：

未正規劃的資料表：店家採購資料表

店家代碼	名稱	電話	地址	運費	項目	價格
100	順泰	031231234 031231235	中壢市	100	RAM	600
100	順泰	031231234 031231235	中壢市	100	HDD	2000
100	順泰	031231234 031231235	中壢市	100	LCD	6000
101	大發	022825252	台北市	200	CPU	6000
101	大發	022825252	台北市	200	RAM	580
102	金財	075675678	高雄市	300	MB	7000
103	良興	077899988	高雄市	300	CPU	6000
104	五豐	022383838	台北市	200	Fan	250
105	豐順	089235555	台東市	400	Case	3000

- **我們進行第一正規化**

因為電話欄位有兩個值，不符第一正規化的要求，因此我們修改記錄如下表：

第一正規化形成：新增主鍵並將電話切割為兩個欄位的店家採購資料表

店家代碼	名稱	電話	縣市	運費	項目	價格
100	順泰	031231234	中壢市	100	RAM	600
100	順泰	031231235	中壢市	100	RAM	600
100	順泰	031231234	中壢市	100	HDD	2000
100	順泰	031231235	中壢市	100	HDD	2000
100	順泰	031231234	中壢市	100	LCD	6000
100	順泰	031231235	中壢市	100	LCD	6000
101	大發	022825252	台北市	200	CPU	6000
101	大發	022825252	台北市	200	RAM	580
102	金財	075675678	高雄市	300	MB	7000
103	良興	077899988	高雄市	300	CPU	6000
104	五豐	022383838	台北市	200	Fan	250
105	豐順	089235555	台東市	400	Case	3000

再來我們要找出這個關聯表的主索引鍵，依這個關聯表的性質來看，店家代碼用來作為主索引鍵是非常合適的。

- ● **進行第二正規化**

先觀察這個資料表有哪些欄位並沒有跟主鍵全功能相依：

電話 ⇨ 名稱

縣市 ⇨ 名稱

運費 ⇨ 縣市

我們必須進行資料表的分割，將這個資料表分割為多個小資料表，以符合第二正規化的需求。此時我們先取消主鍵，再進行分割，再為小資料表建立主鍵。將運費與縣市移出資料表後，原有的資料表出現了許多可刪除的重複記錄。

第二正規化：處理名稱與電話之後所得到的兩個資料表

店家代碼	縣市	運費	項目	價格
100	中壢市	100	RAM	600
100	中壢市	100	RAM	600
100	中壢市	100	HDD	2000
100	中壢市	100	HDD	2000
100	中壢市	100	LCD	6000
100	中壢市	100	LCD	6000
101	台北市	200	CPU	6000
101	台北市	200	RAM	580
102	高雄市	300	MB	7000
103	高雄市	300	CPU	6000
104	台北市	200	Fan	250
105	台東市	400	Case	3000

圖解資料庫

店家代碼	名稱	電話
100	順泰	031231234
100	順泰	031231235
100	順泰	031231234
100	順泰	031231235
100	順泰	031231234
100	順泰	031231235
101	大發	022825252
101	大發	022825252
102	金財	075675678
103	良興	077899988
104	五豐	022383838
105	豐順	089235555

因為名稱與電話已經移出獨立為另一個資料表，所以「縣市 ⇨ 名稱」的功能相依性已經消失，只留下「運費 ⇨ 縣市」這個功能相依。

- **進行第二正規化**

進行第二正規化：處理運費與縣市之後所得到的三個資料表

店家代碼	項目	價格
100	RAM	600
100	HDD	2000
100	LCD	6000
101	CPU	6000
101	RAM	580
102	MB	7000
103	CPU	6000
104	Fan	250
105	Case	3000

店家代碼	名稱	電話
100	順泰	031231234
100	順泰	031231235
101	大發	022825252
102	金財	075675678
103	良興	077899988
104	五豐	022383838
105	豐順	089235555

店家代碼	縣市	運費
100	中壢市	100
101	台北市	200
102	高雄市	300
103	高雄市	300
104	台北市	200
105	台東市	400

- **進行第三正規化，首先尋找間接相依：**

運費 ⇨ 縣市 ⇨ 店家代碼

　　運費與店家代碼具有功能相依，縣市與店家也有功能相依，但這三個欄位同時具備了間接相依，因此我們將資料表進一步分割，得到如下四個表：

進行第三正規化得到的四個資料表

店家代碼	項目	價格
100	RAM	600
100	HDD	2000
100	LCD	6000
101	CPU	6000
101	RAM	580
102	MB	7000

店家代碼	項目	價格
103	CPU	6000
104	Fan	250
105	Case	3000

店家代碼	名稱	電話
100	順泰	031231234
100	順泰	031231235
101	大發	022825252
102	金財	075675678
103	良興	077899988
104	五豐	022383838
105	豐順	089235555

店家代碼	縣市
100	中壢市
101	台北市
102	高雄市
103	高雄市
104	台北市
105	台東市

縣市	運費
中壢市	100
台北市	200
高雄市	300
台東市	400

習 題

請將下列資料表進行正規化：

帳號	分公司	電話	職等	公司車	分公司地址	分公司電話	業務區域
Amber	台北	0912123123 0989123123	經理	是	台北市	0212345678 0212345679	北區
Ben	台北	0922123123	職員	否	台北市	0212345678 0212345679	北區
Chu	台中	0936123123	經理	是	台中市	041234567	中區
Don	台中	0937123123 0939123123	經理	是	台中市	041234567	中區
Eason	台中	0980123123	職員	否	台中市	041234567	中區
Frank	高雄	0932123123	職員	否	高雄市	0712345678 072345678	南區

請舉例說明正規化的時機與其影響。

請由下列敘述規劃一個資料庫，建立 ER Model 並轉換為資料表，並將資料表進行至第三正規化：

1. 社群網站

(1) 每個使用者都有下列屬性：編號、姓名、電子郵件信箱、生日

(2) 使用者與其它使用者可以有朋友關係

(3) 每個使用者都可以張貼照片

(4) 使用者可以分享連結

(5) 每個使用者可以在照片或連結上標記其它使用者

(6) 使用者可以組成社團

(7) 只有同一個社團的使用者可以檢視社團內的照片或連結

2. 遊戲資料庫

每個玩家都要記錄下列資訊：編號、姓名、電子郵件信箱、積分、等級、身份、魔力、體力、上線時間

(1) 每個玩家可以穿戴兩種防具與三種武器

(2) 每個玩家可以有六種不同的身份

(3) 不同的身份有不同的等級與不同的積分

(4) 不同的防具有不同的防禦率、名稱、顏色、造型、對體力的影響、對魔力的影響

(5) 不同的武器有不同的攻擊力、名稱、顏色、造型、對體力的影響、對魔力的影響

3. 線上考試資料庫

(1) 每個考生都是學生

(2) 考題有 10 題，題目是由 100 題題庫中隨機指定的

(3) 學生的答案需要記錄起來

(4) 題目有分難易度，答對的分數也分成 3 種

(5) 考完試必須讓每個考生知道他的總分

(6) 學生只能在規定的考試時間內做答

(7) 學生只能在規定的考試時間內登入，且只能登入一次

圖
解
資
料
庫

第 3 章

SQL Server 與 SMSS 的使用

章節體系架構 ▼

Unit 3-1

Structured Query Language(SQL)

　　SQL 的全名為 Structured Query Language，結構式查詢語言。顧名思義，可以知道這是為了進行查詢而生的一種語言。在一開始，SQL 是由 IBM 所發展出來，應用在 IBM DB2 上，後來各家資料庫系統依照同樣的概念來發展自己的查詢語言，例如 Transact-SQL 與 PL/SQL 等等。**美國國家標準局 (American National Standards Institute, ANSI) 制定了 ANSI SQL 92**，定義出關鍵字與語法標準，在資料庫系統隨著時間蓬勃發展後，ANSI 也隨之定義出 SQL 99 與 SQL 03 等更新的標準。

　　各家資料庫系統為了配合自己的產品獨特性所開發出的查詢語言，在效能或功能上當然如虎添翼，但是這加深了產品之間的不相容，也讓當時的資料庫設計師苦不堪言，當一個企業內部採用了多種不同的資料庫系統，資料庫設計師必須去學習使用各種不同的語言，非常麻煩。

　　到了今日，不同的資料庫系統都可以接受 ANSI 標準的語法，但是仍有許多功能只能由自己支援的語言來達成，在不同系統之間的小差異，是需要特別注意的地方，不然很容易輸入了錯誤的敘述，卻一直找不出錯誤在哪裡。

　　SQL 語言的特性是非常接近自然語言，在程式語言的分類中，SQL 是相較於 C++、JAVA 更高階的程式語言。在撰寫 SQL 程式時，不需要去關心資料如何讀取，相對的，SQL 語言更強調目的，往往只需要輸入「欲處理的表格名稱」、「欲處理的欄位名稱」再加上「需滿足的條件」，就能取得想要的查詢結果。

　　SQL 語言由**子句 (Clause)** 組成，各子句中都包含一個以上的關鍵字，例如 SELECT、UPDATE 等等。

　　一組完整的 SQL 指令，也就是可以執行並產生結果的一個以上子句，我們稱為一個**敘述 (Statement)**。

SQL 的三個子類

 資料定義語言
(Data definition language, DDL)

◎ 資料庫、資料庫中的資料表 (Table)、檢視表(View)、
索引 (Index) 等等都是一種物件。

◎ 凡用來定義、建立、修改資料庫物件結構的 SQL 敘
述即屬於資料定義語言。

◎ 例如：CREATE, DROP, ALTER

 資料處理語言
(Data manipulation language, DML)

◎ SQL 語法中用來做資料處理的敘述。

◎ 用來擷取、更改、刪除資料的指令，操作的內容是
關聯表中的資料而不是關聯表。

◎ 在資料庫建置完畢後，最常用的指令皆屬於此類。

◎ 例如：SELECT, DELETE, INSERT, UPDATE, TRUN
CATE

 資料控制語言
(Data control language, DCL)

◎ 指專門用來設定資料庫物件，對其進行控制與管理
的指令。

◎ 這部份的指令通常與資料庫系統的控制或設定有關。

◎ 例如：SET, SHOW

Unit 3-2
SQL Server 2008 R2 簡介

SQL Server 2008 R2 是微軟在 TechEd 2009 所推出的資料庫系統，是 SQL Server 2008 的改良版，新增加了許多功能，在 2010 年上市。

SQL Server 分為 Enterprise、Standard 與 Workgroup 版，在功能上以 Enterprise 版最完整，Workgroup 則是功能最少。

SQL Server 2008 管理工具為 Microsoft SQL Server Management Studio。

1. 安裝畫面

我們在此先介紹如何安裝 SQL Server。開啟光碟中的 setup.exe 後，應會出現此畫面，SQL Server 2008 需要安裝 Microsoft .NET 3.5，若是在電腦中沒有此系統，會出現提示畫面要求安裝。

058

```
SQL Server 安裝中心

計劃        硬體和軟體需求
安裝        檢視硬體和軟體需求。

維護        安全性文件集
工具        檢視安全性文件集。

資源        線上版本資訊
進階        檢視有關版本的最新資訊。

選項        安裝程式文件集
            如需有關《SQL Server 線上叢書》的詳細資訊，請參閱＜SQL Server 安裝程式文件集概觀＞
            主題。安裝程式文件集包括了 SQL Server 安裝概觀、安裝時所需的說明主題，以及指向關於
            計劃、安裝和設定 SQL Server 之詳細資訊的連結。

            系統組態檢查
            啟動工具，檢查妨礙 SQL Server 安裝成功的狀況。

            安裝 Upgrade Advisor
            Upgrade Advisor 會分析任何已安裝的 SQL Server 2005 或 SQL Server 2000 元件，並識別要在
            升級至 SQL Server 2008 R2 之前或之後修正的問題。

            線上安裝說明
            啟動線上的安裝文件集。

            如何開始使用 SQL Server 2008 R2 容錯移轉叢集
            閱讀有關如何開始使用 SQL Server 2008 R2 容錯移轉叢集的指示。

            如何開始安裝 PowerPivot for SharePoint Standalone Server
            閱讀如何在新的 SharePoint 2010 伺服器上以最少的步驟安裝 PowerPivot for SharePoint 的指
            示。

            升級文件集
            檢視有關如何從 SQL Server 2000、SQL Server 2005 或 SQL Server 2008 升級為 SQL Server
            2008 R2 的文件。

SQL Server 2008 R2
```

2. 開始安裝的畫面

選取左方的「安裝」。

3. 安裝前先行檢查問題

點選右方的「新的安裝或將功能加入到現有安裝」。點選後，SQL Server 會對目前系統進行檢查。若檢查沒有問題，才能繼續下一步動作，若是發生任何問題，可依照它的提示進行電腦作業系統的修改。

4. 輸入金鑰或選擇使用免費版本

　　視窗上會出現產品金鑰的提示畫面，此時可以選擇要使用免費的評估版或是要付費的版本。在 180 天內，評估版具有完整的功能，可以進行充分的練習。若有金鑰，則可在此時輸入。

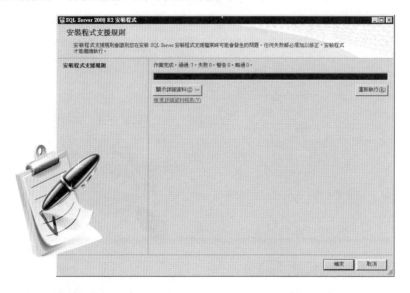

5. 簽署授權條款

　　點選「下一步 (N)」，請在閱讀 MICROSOFT 軟體授權條款之後選擇「我接受授權條款」並點選「下一步 (N)」。

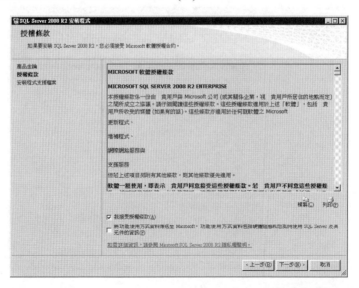

6. 安裝程式支援檔案，在此尚未開始安裝

再來出現的視窗重點就只是要確認是否要開始進行安裝。

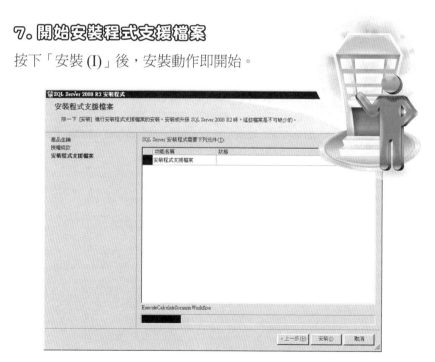

7. 開始安裝程式支援檔案

按下「安裝 (I)」後，安裝動作即開始。

8. 安裝結束

在安裝完成後，會出現結果畫面如下：

9. 選擇程式角色

畫面最後出現的「Windows 防火牆」狀態是警告，其實是因為 SQL
Server 支援網路存取，當 Windows 防火牆開啟時，若沒有適當的設定，
開啟連接埠 (port) 規則，那就無法使用網路來進行連線，只能在本機存取
資料庫。

按下「下一步(N)」之後,可以選擇要安裝的角色,這裡我們選擇「SQL Server 功能安裝」。

10. 選擇要安裝的功能

再來即是細部的功能選擇。在這裡我們用「全選」來選擇全部的功能。當然,若是有經驗的使用者,可以自行選擇適當的功能,以避免佔用太多的磁碟空間。

「執行個體功能」是資料庫系統的核心功能,當然是必選的,「共用功能」是可以用來輔助管理工作的相關程式與說明文件。

在「共用功能」中,「管理工具」包括了 Microsoft SQL Server Management Studio,這是我們後續要使用的主要管理程式,也是一定要安裝的。

11. 依功能來執行相關規則

按下「下一步 (N)」後會先執行安裝規則的設定如下：

12. 執行個體的設定

這些規則是因應安裝的電腦狀態而產生的。按下「下一步 (N)」後，會要求設定執行個體的選擇。

執行個體是 SQL Server 的一個特點，可以安裝多個資料庫系統，以不同的執行個體來作為區別，在使用者連線進入資料庫時，需要選擇合適的執行個體，以免連線到錯誤的資料庫系統。

在這裡我們只使用一個執行個體，因此選擇「預設執行個體」即可，確認目錄沒有問題之後，即可按下「下一步 (N)」。

13. 判斷磁碟空間的需求，如果大小不足，可回上一步更改目錄設定

出現的畫面是磁碟空間需求，若是磁碟空間不足，就需要點選「上一步 (B)」選擇其它的資料夾路徑。沒有問題的話，請按下「下一步 (N)」。

14. 指定服務帳戶與定序

出現的畫面是帳戶的設定與定序組態。在這裡，我們為了方便，可以在這裡按下「所有 SQL Server 服務都使用相同的帳戶 (U)」。

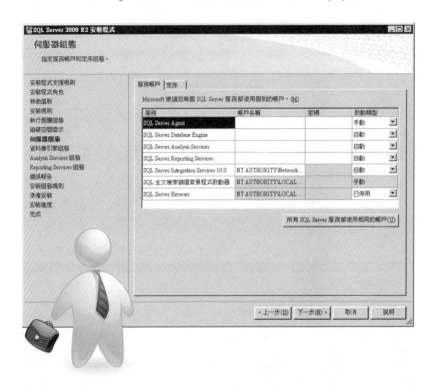

15. 所有 SQL Server 的服務可以用同一個帳戶來運作

此時會出現一個小視窗要求輸入帳戶與密碼，拉下帳戶名稱只有兩個選項，我們選擇 NT AUTHORITY\NETWORK SERVICE 再按下確定即可。

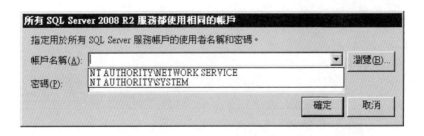

16. 定序的設定

再來是定序的處理，如下圖：

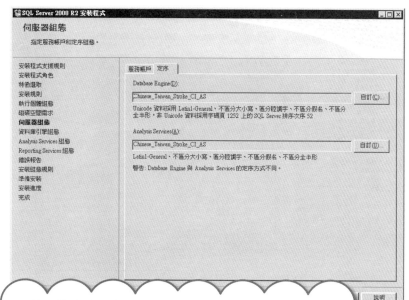

所謂的定序是指字元的排序方式，一般情況下我們用預設值即可，按下自訂之後會出現設定的視窗。

定序指示項可以選擇定序的原則

- ▶ Chinese_Taiwan 表示台灣的中文。
- ▶ Stroke 表示筆劃；Bopomofo 即是ㄅㄆㄇㄈ。Pinyin 是指拼音，CI 是 Case Insensitive 的縮寫，表示不分大小寫。CS 就表示要區分大小寫。
- ▶ AI 是不分腔調字 (重音)。
- ▶ AS 是要區分腔調字。
- ▶ WS 表示區分全形半形。
- ▶ KS 表示不分全形半形。
- ▶ 確認了之後即可按下「下一步 (N)」繼續。

17. 設定資料庫引擎組態

亦即使用的登入方式，是非常重要的設定！

圖解資料庫

18. 選擇驗證模式

驗證模式的種類

1.「Windows 驗證模式」：表示 SQL Server 的登入帳戶與 Windows 作業系統的登入帳戶整合在一起，如果沒有 Windows 系統的帳戶就無法登入資料庫了。
使用 Windows 驗證時，可以在下方加入管理員的使用者帳戶，也可以按下「加入目前使用者」來將目前 Windows 使用者的帳戶加進去。

2.「混合模式」：這個模式可以讓 Windows 作業系統的帳戶登入，也可以利用自行建立的帳戶登入，較為方便。
選擇混合模式後，就須輸入 SQL 系統管理員的密碼。SQL 預設的系統管理員帳戶名稱是「sa」，即 system administrator 的意思。需注意的是，在此時對於密碼有一定的安全性要求，若切換頁面至「資料目錄」時出現紅色的警示，表示密碼太過簡單，記得要英數字夾雜來做為密碼。

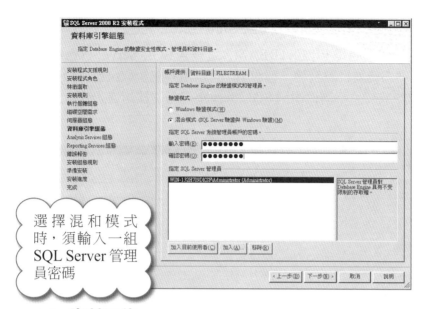

選擇混和模式時，須輸入一組 SQL Server 管理員密碼

19.資料目錄：安裝程式支援檔案，在此尚未開始安裝

切換到資料目錄頁，可以選擇各種資料的目錄，在這裡因為我們只是做示範，並不去考量不同的硬碟機或是儲存設備的效能如何，所以我們在這裡就直接用預設值即可。

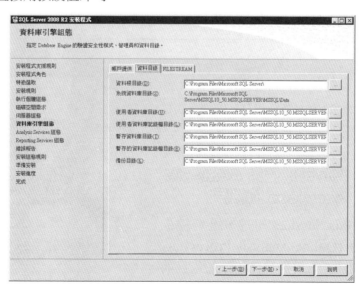

建議備份目錄可以設定至不同的硬碟機、較為安全的儲存裝置或是異地儲存，以避免資料損毀時沒有備份資料可以挽救。

20. 設定資料庫引擎 FILESTREAM 組態

最後一個頁面是 FILESTREAM，這是讓 SQL Server 與作業系統的 NTFS 檔案系統進行整合的一種機制，可以用系統快取來儲存檔案資料，增進讀取的效能且不需使用到 SQL Server 自己的緩衝區，減少記憶體的消耗。

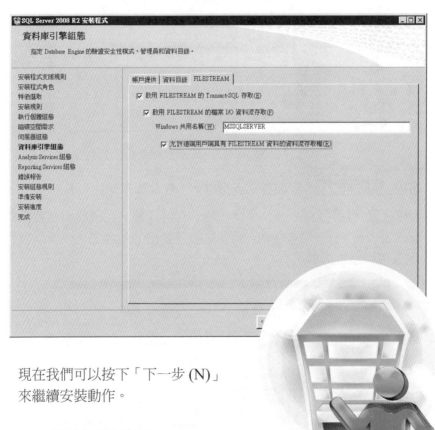

現在我們可以按下「下一步 (N)」來繼續安裝動作。

21. 設定可以使用 Analysis Services 的帳戶

Analysis Services 組態，這是線上分析處理 (Online Analysis Processing, OLAP) 的功能，這裡我們可以加入目前使用者來作為管理員。

切換到「資料目錄」頁可以選擇資料目錄等資料夾的路徑。

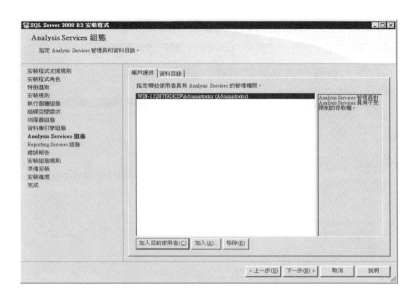

22. 設定 Analysis Services 的資料夾

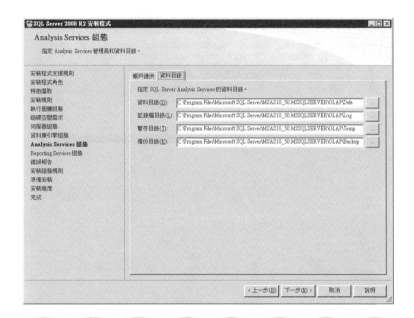

確認資料夾的路徑沒有問題之後，按「下一步 (N)」以設定 Reporting services 組態。

23. 設定 Reporting Services 的組態

Reporting Services 是 SQL Server 的報表服務，可以用來產生各種格式的報表資料，在這裡因為我們選擇「安裝原生模式預設組態」即可。

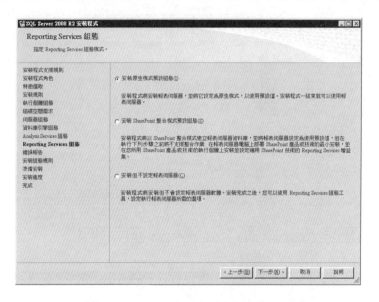

24. 選擇是否要將錯誤報告傳送到報表伺服器

按下「下一步 (N)」之後，會出現錯誤報告的選擇頁，這裡是用以選擇是否要將錯誤報告傳達到報表伺服器。

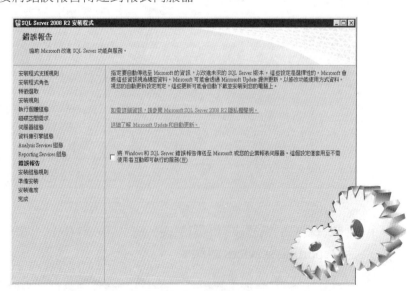

25. 再次確認安裝規則

按下「下一步(N)」後會看到熟悉的安裝規則,這是安裝前的最後一次檢查。

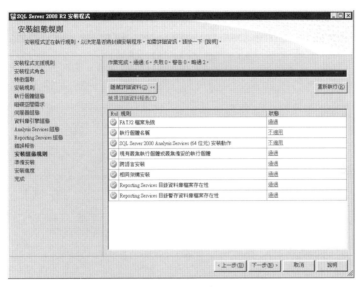

26. 準備安裝,在這裡進行最後的確認

按下「下一步(N)」進入準備安裝的畫面。

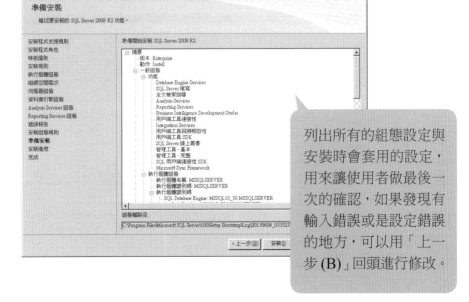

列出所有的組態設定與安裝時會套用的設定,用來讓使用者做最後一次的確認,如果發現有輸入錯誤或是設定錯誤的地方,可以用「上一步(B)」回頭進行修改。

如果都沒有問題，即可按下「安裝 (I)」開始安裝動作。

27. 安裝進度

安裝動作需要一段時間，依組態的不同與電腦的效能而定。

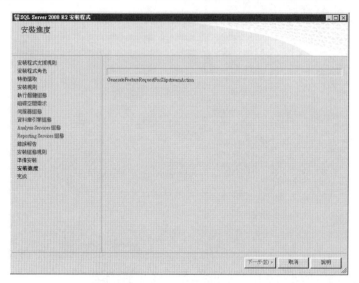

圖解資料庫

28. 安裝完成的畫面

安裝完成後會出現下列畫面。

29. 安裝後的程式選單

按下 Windows 的「開始」，在應用程式中應該會出現下列多種不同的項目，因為我們以 SQL Server 2008 R2 做為示範，所以會出現 Microsoft SQL Server 2008 與 Microsoft SQL Server 2008 R2 兩個資料夾，其中有一個「SQL Server Management Studio」是我們操作資料庫的主要工具，是後續課程的重頭戲。

為了方便使用網路來存取資料庫系統，通常會開啟 1433 埠以進行網路連線，我們在這裡以 Windows 2008 的防火牆界面，來示範如何新增連接埠。

30. 防火牆的設定

首先進入控制台，開啟防火牆的進階設定，將會出現下列畫面，左方的「輸入規則」即是連線進入資料庫系統所在電腦的規則。

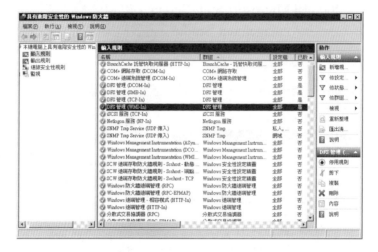

31. 設定新的防火牆連接埠

在「輸入規則」上按右鍵選擇新增，將會出現「新增輸入規則精靈」。因為我們要新增的是連接埠，請選擇「連接埠 (O)」後按「下一步 (N)」。

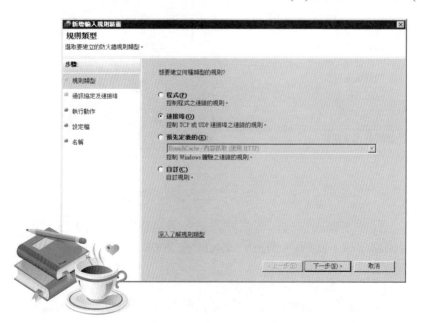

32. 設定連接埠埠號為 1433

Microsoft SQL Server 預設使用的連接埠是 TCP 通訊協定的 1433 埠，我們可以選擇其它的埠號，但是在這裡我們以預設埠號做為示範，輸入埠後按「下一步 (N)」即可。

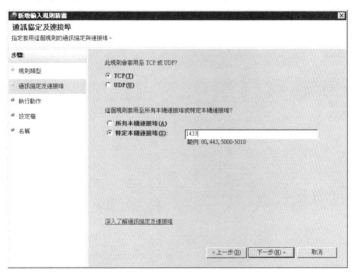

33. 選擇連接埠的對應動作

再來是對動作的設定，若使用者的電腦具有安全連線的設定，可以選擇「僅允許安全連線」來增進安全性，但是在這裡，我們點選「允許連線 (A)」即可。

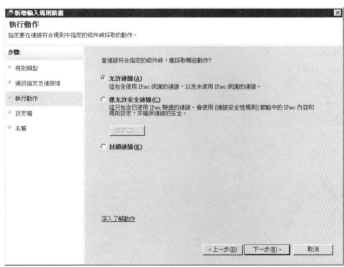

34. 設定防火牆的適用範圍

在 Windows 2008 的系統中，對於網路連線分為三種設定檔，使用者可以依網路環境勾選適合的設定檔。

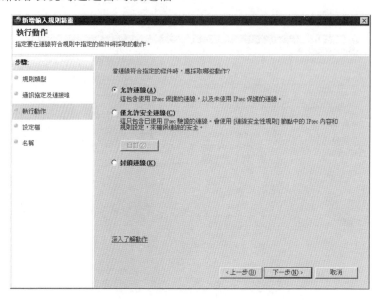

35. 為防火牆設定一個名稱，方便未來管理

最後輸入一個可以方便辨識的名稱即可。在按下「完成 (F)」後即可新增一個可以接受連線的 1433 埠。

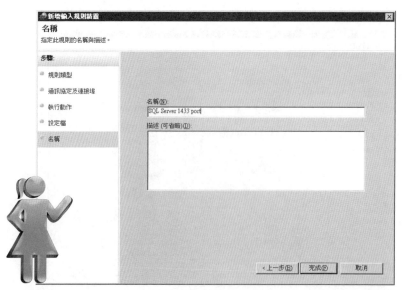

36.SQL Server 組態管理員的位置在組態工具中

最後我們確認一下 SQL Server 有無正常啟動，在開始功能表中，選擇「SQL Server 組態管理員」。

37. 確認 SQL Server 在執行狀態

若此服務有正常執行，表示 SQL Server 2008 R2 安裝且運作正常。

出現的服務項目中，最重要的即是 SQL Server (MSSQLSERVER) 這一項。括弧中的字串是我們在安裝時所使用的執行個體名稱。

Microsoft SQL Server Management Studio (SSMS) 的操作

圖解資料庫

Microsoft SQL Server Management Studio，簡寫為 SSMS，是微軟為了 SQL Server 所推出的管理工具。SSMS 並非只能安裝在資料庫系統所在的機器中，而是可以安裝在不同的電腦上，以網路連線進行存取。

1. 以 SSMS 登入 SQL Server

開啟 SSMS 後，我們會看到登入畫面。伺服器類型請選擇 Database Engine，而伺服器名稱可以使用 IP 或是 domain name，驗證方式請依安裝時的設定來選擇，最後按下「連接 (C)」即可進行連線。我們在這裡因為使用資料庫系統本機操作，因此伺服器名稱輸入的是 localhost。

2.SMSS 的物件總管

登入後若沒有出現問題,就可看到下列視窗。

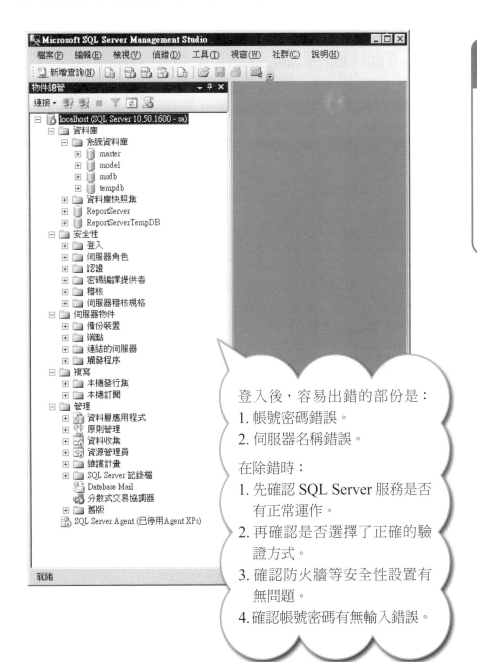

登入後,容易出錯的部份是:
1. 帳號密碼錯誤。
2. 伺服器名稱錯誤。

在除錯時:
1. 先確認 SQL Server 服務是否有正常運作。
2. 再確認是否選擇了正確的驗證方式。
3. 確認防火牆等安全性設置有無問題。
4. 確認帳號密碼有無輸入錯誤。

　　　打開有洋洋灑灑數種不同的類別功能，我們最主要使用的功能是「資料庫」。

3. 使用「新增查詢」來開啟 SQL 敘述視窗

　　要進行 SQL 敘述的運算，我們可以按下左上方的「新增查詢」，將會出現編輯視窗，可以在此視窗中輸入 SQL 敘述，再按下上方的執行鈕即可。

　　在執行 SQL 敘述時，請先注意執行鈕左方的欄位，此欄位表示了目前作用的資料庫名稱，預設情況下，作用的資料庫名稱是 master。

我們將在未來的章節中介紹如何建立資料庫與資料表，但是為了方便章節的進行與內容的練習，我們在這裡先示範一次如何使用 SMSS 建立資料庫與資料表。

4. 新增資料庫

　　首先，在左方「資料庫」類別中，按下右鍵，選擇「新增資料庫」。

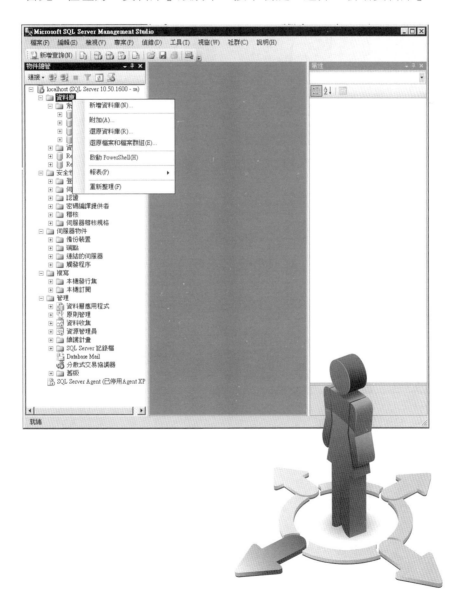

5. 輸入欲新增的資料庫名稱

出現新增資料庫視窗，此時請在資料庫名稱中輸入「圖解資料庫」，並按下「確定」鈕即可，在資料庫類別中將出現我們新增的資料庫。

6. 新增資料表

展開此資料庫後，在「資料表」上按右鍵，並選擇「新增資料表」。

7.資料表的設計視窗

　　此時將會出現資料表的設計視窗，為了方便我們處理欄位，請將「屬性」欄先收起來，收合的方法是按下「屬性」旁的圖釘按鈕，收合後再按一次即可開啟視窗。

8. 輸入資料表的欄位屬性

出現的設計視窗是用來輸入資料表的欄位。前面的章節有提到，關聯式資料表即為一種表格，表格具有一定的欄位，在此圖中即為「資料行名稱」。

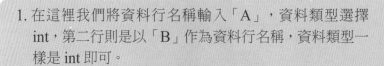

1. 在這裡我們將資料行名稱輸入「A」，資料類型選擇 int，第二行則是以「B」作為資料行名稱，資料類型一樣是 int 即可。

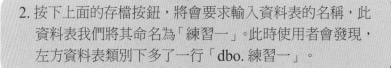

2. 按下上面的存檔按鈕，將會要求輸入資料表的名稱，此資料表我們將其命名為「練習一」。此時使用者會發現，左方資料表類別下多了一行「dbo. 練習一」。

圖解資料庫

9. 在資料表上按右鍵以選擇「編輯前 200 個資料列 (E)」

在「資料表」上按右鍵，有許多功能可以選擇，以下是其它常用功能的說明：

❶ 設計　開啟資料表的設計視窗，可以更改資料表的欄位設定。

❷ 選取前 1000 個資料列　將前 1000 筆記錄顯示出來，但是不能編輯。

❸ 編輯前 200 個資料列　顯示前 200 筆資料，而且可以直接編輯。

❹ 編寫資料表的指令碼　這裡可以開啟多種 SQL 敘述，包含如何建立這個資料表的 CREATE 敘述、插入新資料的 INSERT 範本等等。

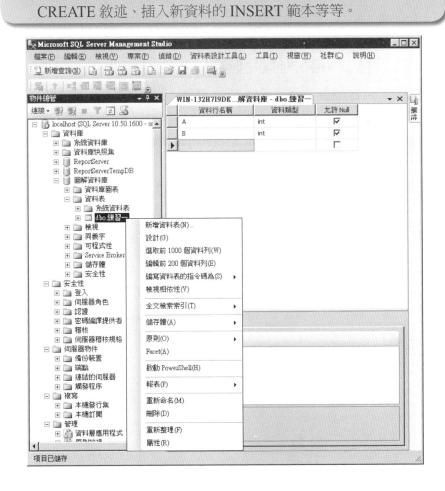

10. 顯示出可編輯的空白資料表

選取「編輯前 200 個資料列」，即會出現「練習一」資料表的內容，此時我們可以直接輸入資料。

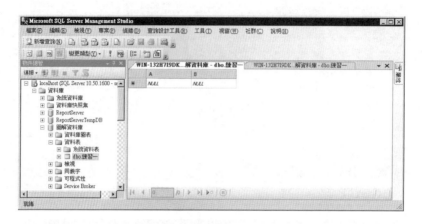

11. 輸入 A、B 兩個欄位的值

因為 A 與 B 兩欄位都是整數 (int) 資料，我們輸入一些整數，不需按儲存或什麼動作，資料即已存入資料表中。

12. 輸入 SELECT 查詢敘述並觀看結果如何

再來我們來練習如何執行查詢。按下左上角的「新增查詢」鈕，會出現一個空白的 SQL 敘述編輯視窗，此時請在這裡輸入：

> SELECT * FROM 練習一

這裡的星號表示「練習一」資料表中的所有欄位。

> 在「執行 (X)」鈕的左方下拉式選單是用來選擇資料庫的，請確認此時這裡是「圖解資料庫」，按下「執行 (X)」即可看到查詢結果。

選擇資料庫的方式除了使用下拉式選單，也可以輸入指令敘述如下：

> USE 圖解資料庫

1. 在使用 SMSS 時，有一個方便的方式可以省去許多的文字輸入時間，就是利用 SMSS 提供的拖曳功能。
2. 在左方的類別中，用滑鼠選定欲使用的資料表，拖曳至 SQL 敘述編輯視窗，SMSS 就會將資料表的名稱填入游標所在位置。

Unit 3-4
識別名稱與結構描述

在我們前面建立的資料庫中，「練習一」資料表的前面有個「dbo」，這是什麼意思呢？這個名稱是結構描述 (schema)。雖然英文上與綱要一樣是 schema，但這兩個是不一樣的概念。

在 SQL Server 2005 之前，結構描述等於資料庫使用者，但是現在每一個結構描述都是不同的命名空間，與資料庫建立者無關，每個使用者都可以擁有一個以上的結構描述。

在解釋結構描述之前，我們先介紹更基本的識別名稱 (identifier) 概念。

在 SQL Server 中，每個物件在命名時，需要遵守一定的規則，物件的名稱即為「識別名稱」。識別名稱的命名規則與大多數程式語言的變數定義差不多：

1. 可以用英數字，但數字不得為第一個字元
2. 不分大小寫
3. 可以用符號，但 $ 不得為第一個字元，用 @ 與 # 開頭的物件有特定意義，不可誤用
4. 不可以用關鍵字例如：SELECT、UPDATE 等
5. 長度不可超過 128 個字元

但是在 SQL Server 中，只要在一個物件的名稱前後以中括號括起來，就可以當成合法的識別名稱了，例如：[SELECT] 或 [UPDATE]。

一個物件的識別名稱全名其實是由 4 種物件組成：

1. 資料庫伺服器名稱
2. 資料庫名稱
3. 結構描述
4. 物件名稱

識別名稱的命名規則與變數

1

可以用英數字，
但數字不得為第
一個字元。

2 不分大小寫。

3

可以用符號，但 $ 不得為
第一個字元，用 @ 與 # 開
頭的物件有特定意義，不
可誤用。

4

不可以用關鍵字
例如：SELECT、
UPDATE 等。

5

長度不可超過
128 個字元。

 組成識別名稱的四種物件

① 資料庫伺服器名稱

② 資料庫名稱

③ 結構描述

④ 物件名稱

　　只要 4 種名稱其中一種不同，兩個物件就不會被誤認為是相同的。因為我們在操作時，往往在同一部伺服器中，或是在同一個資料庫裡進行運算，此時若每次都要求輸入完整名稱，對使用者來說是一個很大的困擾，因此，在不至於產生混淆時，我們可以省略伺服器名稱、資料庫名稱與結構描述。

　　我們都知道不能存在同名的伺服器與資料庫，在資料庫之中也不能有兩個同名的資料表。但是因為在實際需求上，的確有可能需要使用到同名的資料表，例如不同的部門使用同一個「銷售資料庫」，如果將部門的名稱做為資料表名稱，那麼名稱可能會太長，此時我們可以利用不同的結構描述來解決問題。

　　結構描述放在「安全性」底下，很明顯的可以知道，結構描述與資料庫的安全性控管有關。dbo 的含義為 database owner，也就是資料庫的擁有者。當使用者執行 SQL 敘述而且沒有指定結構描述時，會以該使用者預設的結構描述來作為預設值，因此，SQL Server 將預設結構描述設定為dbo，意思就是將結構描述設定為資料表的擁有人。

　　假設一個資料表的結構描述設定為「CSIE」，則我們只要將某個資工系的學生設定具有 CSIE 的存取權，他就可以存取所有以 CSIE 為結構描述的資料表，我們不需要針對所有的資料表進行權限的設定，可以省去大量的時間。

SQL Server 內建了許多不同的結構描述

預設即有多種不同的結構描述可用

Unit 3-5
SMSS 的選項設定

1. 選項的位置

在 SMSS 中，有許多選項可以調整，調整的目的在於符合各個使用者不同的習慣。選項的位置在於「工具」選單中。

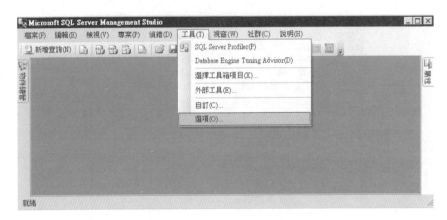

2. 字型和色彩的設定

首先我們先來調整字型和色彩，許多使用者不會刻意去修改編輯器的設定，但是其實編輯器的相關設定對於工作效率有非常大的影響，除非是使用公用電腦，否則非常建議修改這些設定值來符合個人習慣。

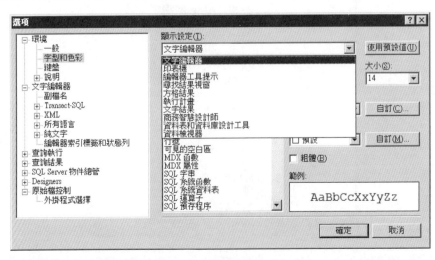

在 [環境] > [字型和色彩] 的設定中，可以看到「顯示設定」中有許多的項目可以更改，最重要的當然是文字編輯器。

3. 字型和色彩的設定

文字編輯器是我們在編寫 SQL 程式碼的介面，建議字型使用固定寬度字型，SMSS 會自動將這些字型以粗體顯示。

顏色方面，可以看到有許多不同的顯示項目可以進行微調，這部份可以直接使用預設值即可。

例　如：Courier、Courier New、Consolas 等字型因為每個字母的寬度是一樣的，很容易對齊，部份字型是專為程式設計所開發，在 0 與 o、1 與 l 之間有很明顯的差異，可以避免打字錯誤卻難以發覺的窘境。

在本書中，我們採用 Courier New 字型。字型大小建議設定在 11 以上，為了方便讀者觀看，我們是設定為 14。

4.Transact-SQL 選項

再來我們看到「Transact-SQL」的地方,這裡可以設定編輯 SQL 敘述時的一些項目,較常開啟的項目是「顯示」中的「行號」。

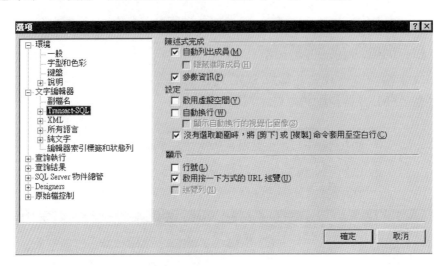

5. 未開啟行號的編輯畫面

未開啟行號的效果如下圖:

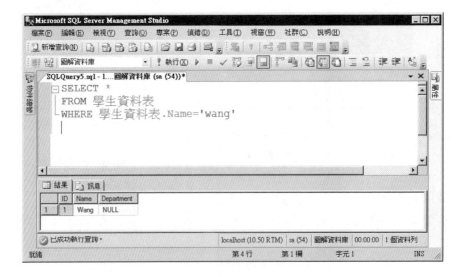

6. 開啟行號的畫面

行號開啟後的效果如下圖，有行號的好處在於發生錯誤時，可以快速找到發生問題的敘述位置。在本書中，為了讓畫面比較單純，而且因為大多是正確且簡短的敘述，所以是沒有開啟行號的，但是在實際應用的過程中，建議開啟行號以方便除錯。

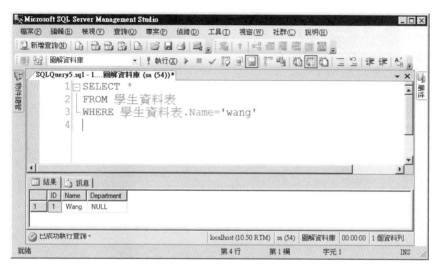

7. 修改編輯與選取資料列的參數

我們在前面章節中，有使用過「編輯前 200 個資料列」的功能，其實「200」這個數字是可以更改的。更改的設定在選項的「SQL Server 物件總管」中。

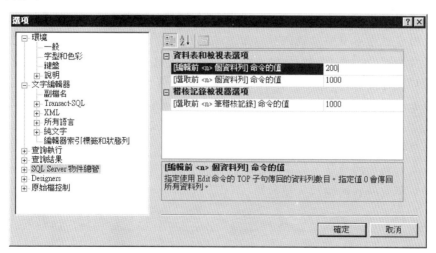

8. 右鍵選單的內容變成「編輯前 400 個資料列」

　　我們可以將 200 修改為其它的數字，例如將其修改為 400，則右鍵選單的內容將會變成下圖一般，出現「編輯前 400 個資料列」的新項目，取代了原來「編輯前 200 個資料列」的項目。

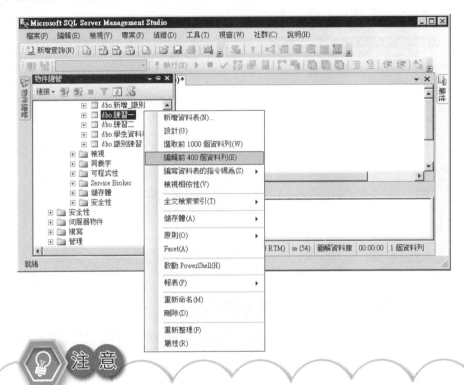

注意

1. 若是修改這些數字為 0，則會變成「編輯所有資料列」。在資料表的內容數量不多時，我們可以用「編輯所有資料列」來方便我們閱覽所有的記錄，然而，如果現在記錄的數量是數十萬、數百萬筆，那麼一口氣打開所有的資料列就會很浪費時間，畢竟我們不太可能會以人力去編輯數百萬筆的紀錄。所以這裡的選項值就依需求來決定即可。

2. 如果資料列的數量超過 200，而我們又選擇 200，會是由哪 200 筆記錄來做代表呢？其實我們在開啟編輯視窗時，資料是利用 SQL 敘述進行查詢動作的結果，而在敘述中，利用了 TOP 函數來決定前 200 筆資料，這跟資料表的預設排序有關。

9. 取消勾選「防止儲存需要資料表重建的變更」

再來我們看「Designers」的選項，其中有個「防止儲存需要資料表重建的變更」，預設情況下，這個選項是被勾選的。

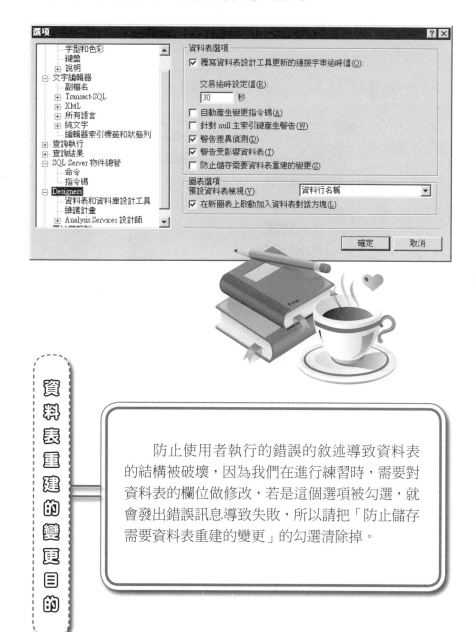

資料表重建的變更目的

防止使用者執行的錯誤的敘述導致資料表的結構被破壞，因為我們在進行練習時，需要對資料表的欄位做修改，若是這個選項被勾選，就會發出錯誤訊息導致失敗，所以請把「防止儲存需要資料表重建的變更」的勾選清除掉。

Unit **3-6**

SMSS 的工具列設定

　　介紹完選項之後，我們接著來看 SMSS 的工具列，這些工具列提供了方便的界面，利用按鈕讓我們可以快速的完成許多功能。SMSS 內建的工具列有許多種：

1. 工具列

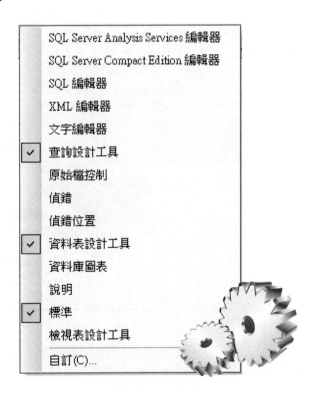

```
SQL Server Analysis Services 編輯器
SQL Server Compact Edition 編輯器
SQL 編輯器
XML 編輯器
文字編輯器
✓  查詢設計工具
原始檔控制
偵錯
偵錯位置
✓  資料表設計工具
資料庫圖表
說明
✓  標準
檢視表設計工具
自訂(C)...
```

2. 展開所有工具列的 SMSS

　　SMSS 會動態的開啟、關閉工具列，例如：在設計資料表時，查詢設計工具列會自動關閉，但是回到編輯資料表的視窗時，查詢設計工具列會自動啟用。

我們如果將所有的工具列展開，SMSS 會是這個樣子：

一旦全部展開就可以知道這樣做是沒有什麼意義的，除了佔用大量空間，在眾多按鈕中尋找一個功能，反而需要花費更多時間，只會讓工具列的便利性消失，並不會有幫助工作效率的效果，所以我們只需要了解如何使用基本的工具列就夠了。

3. 查詢設計工具列

首先可以看到紅色驚嘆號圖示表示了「執行」的功能，在做了變動、下了敘述指令後，通常都需要使用「執行」功能才會進行動作。

　　 顯示圖表窗格

　　 顯示準則窗格

　　 顯示SQL窗格

變更類型(Y)▾　變更功能類型

! 　執行

　　 驗證SQL語法

查詢設計工具列功能介紹

查詢設計工具最左方的三個按鈕分別是「顯示圖表窗格」、「顯示準則窗格」與「顯示 SQL 窗格」，三個按鈕的效果如下：

◎ 顯示圖表窗格

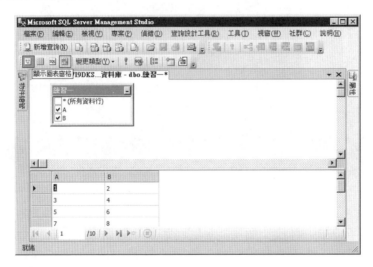

102

◎ 顯示準則窗格

◎ 顯示 SQL 敘述

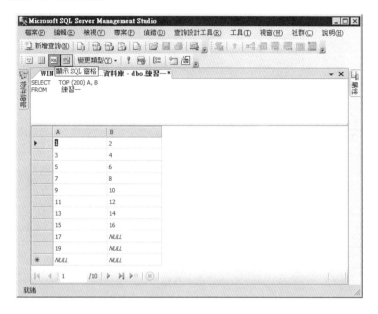

4. 利用圖表來操作

「顯示圖表窗格」的用途是將資料表以圖表顯示，所以也可以用圖表的方式來操作，例如：我們可以在圖上勾選要顯示的欄位，也可以按右鍵選擇這個欄位要以遞增或是以遞減來排序，選擇後按下查詢工具的執行鈕即可更新結果。

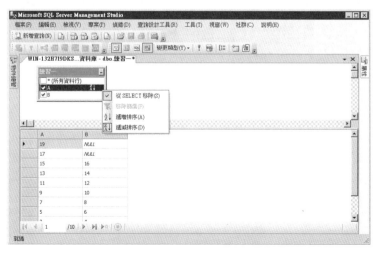

5. 利用準則來操作

準則可以對資料表進行更多的調整，包含了取別名與篩選等等，例如：我們對欄位 A 取別名 AAA，並且在篩選條件中輸入「A>15」，按下執行，可以發現查詢的結果中，欄位 A 的名稱改以 AAA 來表示，而且只有 A>15 的記錄顯示出來。因為「A>15」是放在欄位 A 的篩選條件中，所以執行後會自動簡化為「>15」。

這三個按鈕是可以並用的，全部都使用的結果如下圖：

6. 同時啟用圖表、準則與 SQL 窗格

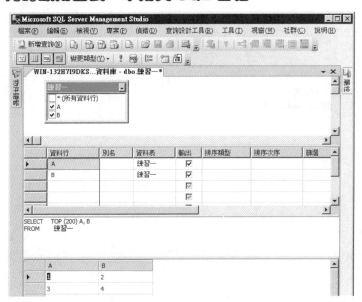

◎ 變更類型的可用選項

變更類型的按鈕是用來調整操作的目的，我們前幾個示範都是「選取」。

◎ 變更為「插入值」類型的圖表、準則與 SQL 窗格

如果在「變更類型」中更改為「插入值」，所有的窗格都會變成適合用來插入值的模式，例如圖表的部份，欄位前會變成加號，而準則的部份是可以填入新值，SQL 窗格則是變成了 INSERT 敘述，而不再是原來的 SELECT 敘述。依使用者的目的，可以使用不同的類型，透過視窗界面來完成工作。

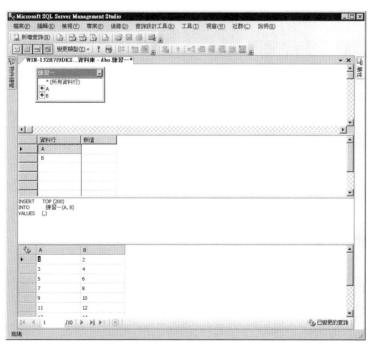

◎ 使用「驗證 SQL 語法」來檢查錯誤

接下來，查詢工具列的另一個常用按鈕黃色的「驗證 SQL 語法」，這個功能是用來驗證 SQL 的敘述是否有問題，它只能檢查語法上的錯誤，例如，我們在 SQL 敘述窗格中輸入了「WHERE A>u」，它就可以檢查出 u 是無效的資料行名稱。我們可以在執行敘述前先進行驗證，減少執行失敗的可能。

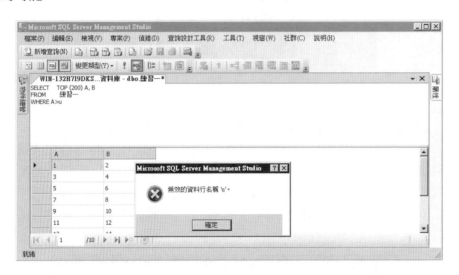

7. 資料表設計工具

再來我們看「資料表設計工具」：

　　產生變更指令碼

設定主索引鍵

關聯性

8. 將欄位 A 設定為主索引鍵

這個工具列會在進行設計視窗時自動啟用，較為重要的是鑰匙形狀的按鈕，在選擇資料行後再按下此按鈕，就可以將該資料行設定為主索引鍵。

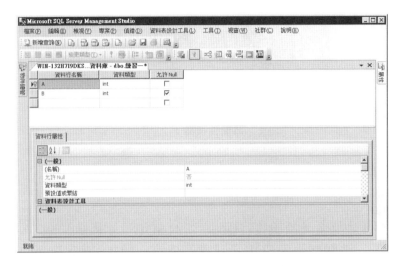

9. 產生變更指令碼後，會跳出詢問儲存的視窗

最左方的按鈕可以將設計時所產生的變更，以指令碼的方式呈現。它所產生的指令碼可說是鉅細靡遺，我們可以將這個指令碼儲存，以便未來使用。

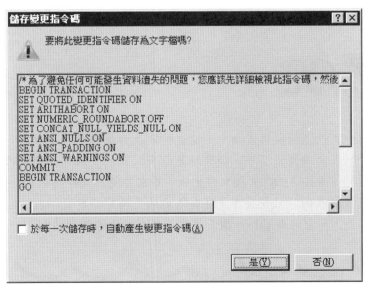

10. 標準工具列

「標準」工具列提供的是資料庫連線與新增查詢的功能。

圖示	說明
新增查詢(N)	新增查詢視窗
	Database Engine查詢
	開啟檔案
	儲存
	活動監視器

1. 按下新增查詢後將會開啟新的 SQL 文字編輯器視窗，讓我們輸入 SQL 敘述進行運算。「Database Engine 查詢」並不是開啟一個新的伺服器連線，而是開啟一個專用於另一個伺服器連線的查詢編輯視窗。

2. 開啟檔案的功能可以開啟 XML 檔或是 SQL 檔案，儲存的功能則是因時機而異。

注意

1. 在 SQL 敘述的編輯畫面中，儲存所代表的是儲存指令敘述，在資料表的編輯視窗中，儲存鈕是沒有反應的，因為我們做的編輯動作在按下 ENTER 後立即生效，不需要使用儲存功能。

2. 在資料表的設計視窗中，儲存表示的是確認目前資料表的設計變更，其它像是資料庫圖表等等，都有對應的儲存機制。

11。活動監視器

「活動監視器」的功能會開啟 SQL 伺服器的資源使用狀況。在電腦硬體設備良好的情況下，執行 SQL 敘述往往只是一瞬間的等待而已，但是在敘述複雜、資料庫內容龐大的情況下，有時會發生一個敘述需要等待數分鐘才得到結果的情形。

我們需要知道目前軟硬體所遭遇到的瓶頸為何，才能夠對症下藥，找出問題的所在。活動監視器提供了概觀、處理序、資源等候、資料檔案I/O、最近且費時的查詢等項目。

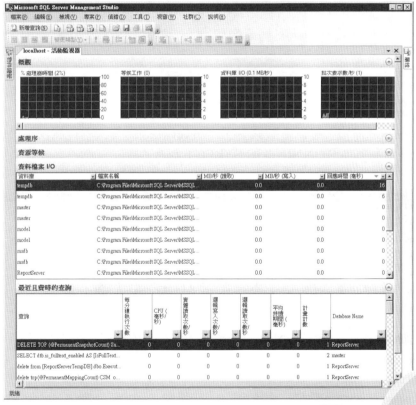

12. 活動監視器 ⇨ 概觀

在概觀項目中,我們可以看到處理器時間、等候工作、資料庫 I/O、批次要求數的大略狀況。

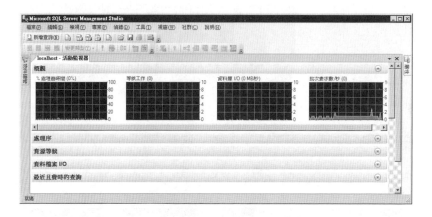

13. 活動監視器 ⇨ 處理序

在處理序中,可以看到與 SQL Server 相關的程式執行狀況,可以看到有一個狀態為 RUNNING 的 SELECT 敘述:

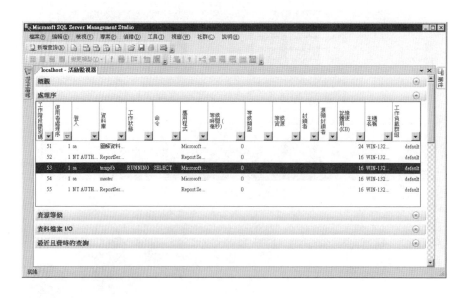

14. 處理序的 SELECT 動作來源

這是來自於活動監視器的 SQL 敘述，也就是說，我們看到的這些圖表資訊，是透過 SQL 敘述，向資料庫引擎查詢之後的結果，按右鍵選擇「詳細資料」後，將會出現視窗顯示相關的 SQL 敘述如下：

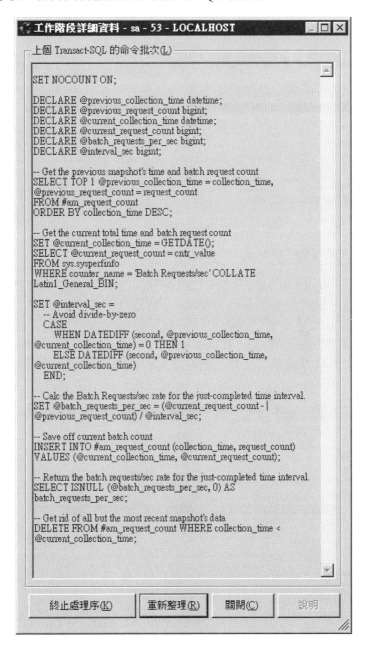

15. 活動監視器 ⇨ 資源等候

在資源等候的部份，顯示的是不同的資源需求花費了多少時間在等待。若是一個項目的等候時間太長，就應該深入研究原因，以免造成效能的瓶頸。

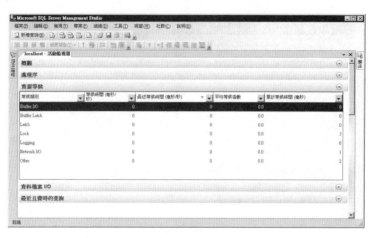

16. 活動監視器 ⇨ 資料檔案 I/O

電腦系的的 I/O (輸入輸出) 往往是效能的瓶頸，從「資料檔案 I/O」項目，我們可以看到每個資料庫檔案的讀取與寫入效率。這個表格能提供我們什麼改進的建議呢？我們可以嘗試將檔案分散儲放至不同的儲存系統，例如不同的硬碟機、不同的網路儲存伺服器等等，先了解可用的儲存裝置速度，再來考慮是否要將常進行讀寫的資料庫檔案搬移到效能較高的地方。

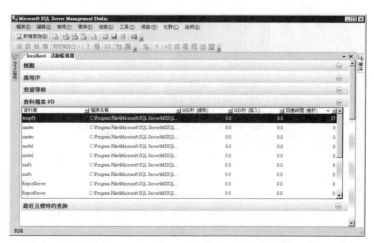

17. 活動監視器 ⇨ 最近且費時的查詢

最後一個項目是「最近且費時的查詢」，這裡會列出近期內較耗費電腦資源的查詢敘述，我們可以從這裡去觀察一個敘述的執行狀況，了解是否使用了不妥當的敘述導致電腦資源的耗費過高。

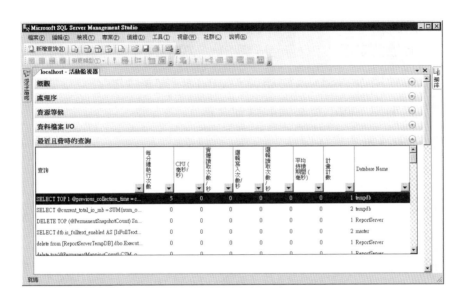

有些 SQL 敘述在改寫後，可以增進好幾倍的效率，當我們發現有個敘述可能多花費了資源或時間，就需要考慮是否該進行改寫。

習 題

1. SQL 語言依其屬性可以分為哪三類？應用的時機為何？

2. SQL Server 的版本分為哪幾種？如果是學校使用，你會建議採用何種版本？

3. 什麼是定序？ Bopomofo 與 Pinyin 有什麼不同？

4. 只使用「Windows 驗證模式」的優缺點是什麼？

5. 下列哪一個不是合法的識別名稱？

(1) &money

(2) 3year

(3) sTudENt

(4) insert

(5) #table

6. 在 SQL Server 中，一個物件的全名是由哪四種名稱所組成？

7. 執行一些動作後，切換到活動監視器，觀察有哪些變化。

第 4 章

建立資料表

章節體系架構 ▼

Unit **4-1**
屬性的設定

1。欄位屬性表

　　我們在前面的章節介紹了如何使用視窗介面新增資料表，在這裡，我們首先要來看屬性的設定。我們在此建立一個資料表：

　　在資料行，也就是欄位，的視窗中，我們可以對每一個資料行進行屬性的調整。不同的資料類型具有不同的屬性，例如 timestamp 屬性不能設定預設值或繫結。

識別規格

什麼是「識別規格」呢？

1. 識別規則是屬於自動建立資料值的一種方式，當一個資料行被設定為「為識別」時，我們可以進一步設定「識別值種子」與「識別值增量」兩種屬性。

2. 被設定為識別的欄位會自動填入內容，第一次填入的值即為「識別值種子」的值，第二次填入則是「識別值種子」加上「識別值增量」之後的結果。

3. 例如，我們設定「識別值種子」為 8，「識別值增量」為 2。再新增一個欄位為 B，資料類型為 int，其餘設定皆不需更動。

2. 修改識別規格

3. 編輯資料

儲存資料表為「識別練習」，開啟編輯視窗如下：

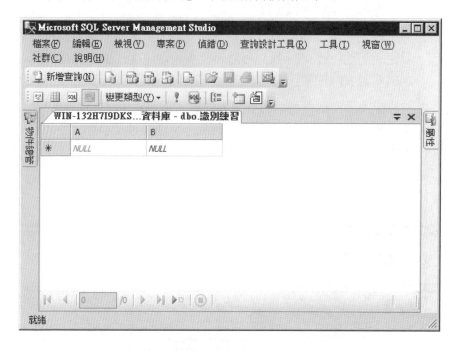

4. 欄位 A 的值自動更新為 8

此時會發現欄位 A 的內容以灰色呈現，是不允許編輯的，我們在欄位 B 輸入 1 並按下 ENTER，則「識別練習」的內容更改為：

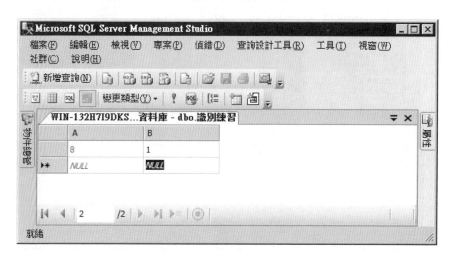

5. 欄位 A 的值由 8 開始遞增，每次的遞增幅度是 2

繼續輸入欄位 B，則使用者將會發現，欄位 A 的值會從 8 開始遞增，每次增加的幅度都是 2。

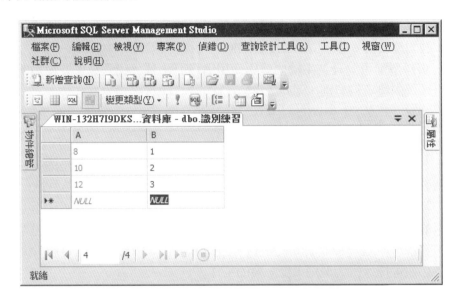

在下一個章節，我們將先介紹重要的資料型態，或稱為資料型別的概念。

 知識補充站

　　當兩筆資料的內容一模一樣時，會發現資料是無法刪除的，因為 SQL Server 無法判斷要刪除的資料到底是哪一筆。這個時候，識別資料就是你的好幫手了！當資料有識別規格時，兩筆資料的識別值一定不同，這時就可以分辨差異了。

　　如果當初沒想到要設定識別，該怎麼辦？別擔心，可以利用 SMSS 可以新增加一個欄位，再將此欄位設定為識別規格就好，它會自動填入識別值。

Unit 4-2

資料型別

圖解資料庫

在程式設計中，我們經常接觸到資料型別的定義，只要是資料，一定會屬於某種型別，這樣我們在操作這個資料時，才知道該如何規定它的限制，例如最大值、最小值、長度與如何進行運算等等。

資料型別可以分為系統內建與使用者自訂兩種。我們最主要使用的當然是系統內建資料型別，因此，我們在此先對其做介紹：

整數類

整數類的型別應用於整數型式的數值資料，整數型態是由範圍的小至大可分為 bit、tinyint、smallint、int 與 bigint。為什麼需要那麼多種不同的整數類呢？因為不同的資料型態所需要佔用的空間是不同的，如果用很大的空間來儲存一個很小的數值，對資源來講是一種不必要的浪費，因此，評估一個整數值的可能大小並選擇適當的型別，是必要的工作。

bit

bit 資料型態所能儲存的值只有三種：1、0、NULL，所佔用的空間只有 1 個位元組 (byte)，而且 8 個 bit 欄位可以共同此一位元組，有效的節省空間。

tinyint

tinyint 與 smallint 在中文都被稱為小整數，以 C 語言作為類比，tinyint 的範圍相當於 unsigned char，而 smallint 則可類比為 short int。tinyint 所佔用的位元組只有 1 個位元組，資料範圍是 0 到 255。

smallint

smallint 所佔用的空間為 2 bytes，因此可儲存 -2^{15} (= -32768) 到 $2^{15}-1$(= 32767) 之間的整數。

int

int 型別佔用了 4 個元位組，可儲存的整數範圍是 -2^{31} (= -2147483648) 至 $2^{31}-1$(= 2147483647) 之間。

bigint

bigint 又稱為大整數，所佔用的空間是 int 的兩倍，8 bytes。

在一般情況下，bigint 所能儲存的值已經非常夠用了，可以儲存 -2^{63} (= -9223372036854775808) 到 $2^{63}-1$ (= 9223372036854776807) 之間的整數。

浮點數

浮點數是指具有小數的數值。在使用浮點數時，需特別注意誤差的問題，因為一個數值表示為浮點數時，小數後的位數是不確定的，因此在精準度不足的情況下，結尾的部份將採用四捨五入的方式來處理，因此會產生程度不同誤差。

浮點數的資料型態分為 float 與 real 兩種，float 佔用的空間是 8 個位元組，而 real 所佔用的空間則是 4 個位元組，習慣於 C 語言的使用者們有時會因此產生混淆，要特別注意不要弄混 float 的範圍。

real 的範圍是 $-3.4E+38$ 到 $3.4E+38$，而 float 則是可以儲存 $-1.79E+308$ 到 $1.79E+308$ 的浮點數。

可指定精確位數的數值

　　如果要儲存精確位數的浮點數，可以考慮採用 numeric 與 decimal 資料型態，這兩種資料型態是完全相同的，有兩種名稱是因為相容性的考量。

　　numeric 與 decimal 使用字元來儲存數值，因此可以儲存到指定的精確位數，在使用時，須給定「總有效位數」與「小數點後的位數」，例如 decimal(8,5) 表示總共使用 8 位數，小數點後佔 5 位數。雖然是使用字串來儲存數值，長度仍有限制，可以儲存的值介於 $-10^{38}+1$ 至 $10^{38}-1$ 之間，所佔用的空間則是依總有效位數來決定，從 5 個位元組至 17 個位元組不等。

日期時間

　　日期時間資料是很常用的資料，SQL Server 提供六種不同的時間資料型別：datetime 、datetime2 、smalldatetime 、date 、time 、datetimeoffset。每一種都具備不同的範圍，我們一個一個說明：

datetime

　　這個型別是大部份使用者最常選擇的型別，佔用了 8 個位元組的長度，前面 4 個位元組儲存日期資料，後 4 個位元組則是用來儲存時間資料，因為只有 4 個位元組，所以時間的部份只能精確到 0.00333 秒，這在大部份的情況下已經足夠使用了。datetime 有固定的格式，格式為 yyyy-mm-dd h:m:s，也就是 4 位數的年份，2 位數的月與日，日期與時間用空格隔開。日期的部份可以儲存 1753/1/1 到 9999/12/31，以現代來看是足夠的，若是要儲存的日基在 1753 年之前呢？就必須改用其它的資料型態了。datetime 的例子：2012-12-12 12：34：56.123。

datetime2

datetime2 是為了改良 datetime 的不足而產生的，為了相容性的問題，並不是直接加強 datetime 的能力。datetime2 可以儲存的日期從西元 1 年 1 月 1 日開始，最多一樣是到 9999 年 12 月 31 日。在時間的部份，精準度大幅提高到 100 奈秒，在使用時，格式為 yyyy-mm-dd h:m:s，例如，2012-12-12 12:34:56.1234567。依精確度的差別，佔用 6 到 8 個位元組。

smalldatetime

smalldatetime 是 datetime 的縮小版，使用 4 個位元組，前 2 個存日期，後 2 個存時間。因為只佔用 4 個位元組，精確度有限，日期的部份可以從 1900/1/1 到 2079/6/6，但時間的部份只能存到分鐘，使用的格式為 yyyy-mm-dd h:m，例如，2013-12-12 12:34。在 SQL Server 中，採用 smalldatetime 表示資料時仍然會顯示秒數，但秒數會是 00，輸入資料時若有輸入秒數，會自動進位到分，進位的準則是 30 秒，大於 30 秒即自動進位。

date

當使用者所需要儲存的資料只有時間資訊時，可以選擇 date 資料型態，佔用 3 個位元組，可以儲存 0001/01/01 到 9999/12/31 之間的日期，輸入的格式為 yyyy - mm - dd，如：2013 - 05 - 31。

time

可以用 date 儲存日期，時間就可以用 time 來儲存，精準度與 datetime2 相同，到 100 奈秒，輸入的格式為 h：m：s，如：12：34：56.1234567。

datetimeoffset

Datetimeoffset 相當特別，包含了時區的資料。佔用的大小是 8 到 10 個位元組，日期與時間的精確度與 datetime2 相同，輸入的格式為 YYYY‐MM‐DD hh：mm：ss[.nnnnnnn] [{ +|－}hh:mm]，最後的部份即為時區資訊，時區的值介於－14 至 +14 之間，例如台灣的時區為－8，因此可以用 2012‐05‐31 12：34：56‐8。

字串

字串的資訊需要注意的地方是編碼與長度。字串的內容若是英文與數字，不常發生問題，若是中、日、韓文，則有可能會因為編碼而產生問題。SQL Server 支援 4 種字串格式，每一種又有 Unicode (萬國碼) 的版本，因此為 8 種。

124

char(n)、nchar(n)

這是最基本的字串型式，括弧中的 n 是一個數字，表示字串的長度。在使用 char 時，n 的值介於 1 到 8000 之間，使用 nchar 時，n 的值介於 1 到 4000 之間。

char 代表了固定長度字串，當使用者使用這種格式時，假設是 char(100)，字串即使實際長度只有 50 個字元，也會佔用 100 個位元組，而且字串的尾端會填滿空白。

nchar(n) 表示了 unicode 字串，用法與 char(n) 相同。

varchar(n)、varchar(max)、nvarchar(n)、nvarchar(max)

相對於上述的固定長度字串，這裡的 var 就表示了可變長度字串。每個資料所佔用的位元組大小會依照資料實際內容而有所不同，例如，字串的內容為" ABCDE"，即使定義時使用的是 varchar(100)，仍然只會佔用 5 個位元組。varchar 所能使用的最大長度。varchar 可支援的長度是 1 到 8000 個字元，nvarchar 則是 1 到 4000 個字元。

max 在這裡並不是代替了 4000 或 8000，而是指儲存體的大小最大可以是 2GB。對於 varchar 來說，儲存體的大小是字串實際長度加上 2 個位元組，對於 nvarchar 來說，則是實際字串長度的 2 倍再加 2 個位元組。

text、ntext

text 與 ntext 都是變動長度字串，功能與 varchar(max)、nvarchar(max) 相同，在未來的 SQL Server 中將會考慮移除這兩種資料型別。字串在處理時，需要在前後加上單引號 (')。若要輸入單引號，則需要輸入兩個單引號，例如：

輸入單引號的方式

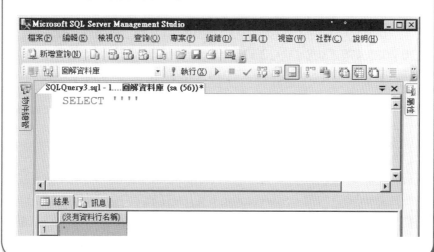

二元碼字串

　　二元碼字串指的是資料的內容全都是 2 進位 (binary) 所表示的字串，SQL Server 所提供的資料型態有 binary(n)、varbinary(n)、varbinary(max) 與 image 四種，但是其中 image 的功能如同 varbinary(max)，也是被列入未來將移除的型別之一。

　　binary(n)、varbinary(n) 與 varbinary(max) 的差異就如同 char(n)、varchar(n) 與 varchar(max) 的差異，當使用 max 時，儲存體的最大上限也是 2GB，n 的值介於 1 到 8000 之間。

貨 幣

　　money 與 smallmoney 是專門用來處理金融與貨幣值的一種資料型態，貨幣可以有小數，但精準度只到萬分之一，畢竟一般在處理金融資訊時並不像科學計算一般，需要精準至小數點後六位以上。

　　金融業習慣在處理金額時，每 3 位數用一個逗號隔開，這是為了配合歐美的計算方式，1000 為 1 kilo，100,000 為 1 million，100,000,000 是 1 billion，因此，在輸入貨幣資料時，輸入逗號是被允許的，如果資料型態設定為整數型別，逗號會引發錯誤。但是，雖然輸入時可以輸入逗號，但顯示的時候不會出現逗號。

　　money 佔用 8 個位元組，可表示的範圍從 - 922,337,203,685,477.5808 到 922,337,203,685,477.5807，而 smallmoney 只佔用 4 個位元組，範圍是 - 214,748.3648 到 214,748.3647。

識別戳記

　　我們可以利用 rowversion 與 uniqueidentifier 來為記錄產生一個獨一無二的值。rowversion 的目的在於產生一個時間戳記，當記錄的內容有變動，該欄位的值會改變成最大值，所以依照這個欄位，我們即可知道最新異動的資料是哪一筆。rowversion 在

名字上不太直覺，以前的資料型別稱為 timestamp，timestamp 已被列入即將廢止的資料型別中，但在 SQL Server 2008 仍有支援。這種資料型態佔用 8 個位元組，內容是 16 進位值。

uniqueidentifier，顧名思義，就是獨特的識別器，這種資料型別可以產生全球唯一識別碼，讓記錄具有獨一無二的值，這個欄位的值由 16 進位值組成，遵循一個特定的格式：

XXXXXXXX-XXXX-XXXX-XXXX-XXXXXXXXXXXX

這個特定格式字串的長度為 32，因 2 個值使用 1 個位元組，因此共需要 16 個位元組。Uniqueidentifier 型態的值只能使用比較運算子如 =、<>、<、>、<= 與 >=，以及檢查是否為 NULL (IS NULL 和 IS NOT NULL)，其他算術運算子都不能使用。

示範：建立資料表「識別資料」

1. 首先建立一個資料表，三個欄位分別是 timestamp、uniqueidentifier 與 int 資料型態，將此資料表命名為「識別資料」並儲存。

2. 再來我們執行下列指令：

識別戳記指令

- INSERT 識別戳記 (uniqueidentifier,[int])
- VALUES (NEWID(),1)
- SELECT * FROM 識別戳記
- INSERT 識別戳記 (uniqueidentifier,[int])
- VALUES (NEWID(),2)
- SELECT * FROM 識別戳記
- UPDATE 識別戳記 SET [int]=3 WHERE [int]=1
- SELECT * FROM 識別戳記

128

指令說明

1. NEWID( ) 是一個 SQL Server 的內建函數，意思是產生一個新的 uniqueidentifier 值，而第 5 行的 UPDATE 指令則是將 int 欄位值為 1 的記錄修改其值為 3。

2. 在第一次執行查詢時，可以發現 timestamp 的值為 0x00000000000007DF 而 uniqueidentifier 的值為 1E75095D-50A9-46EB-99D1-B85263DE4532，當我們進行第二次的 INSERT 指令時，新增了一筆記錄，此新記錄的 timestamp 值為 0x00000000000007E0，在我們執行第 5 行的 UPDATE 指令時，它更改的記錄是第一筆記錄，在異動後，除了我們指令的將 1 改為 3 之外，我們也可以發現，timestamp 的值從 0x00000000000007DF 變成了 0x00000000000007E1，這就是 timestamp 的功用，永遠可以讓我們知道最近一次發生新增 / 異動修改的記錄是哪一筆。

timestamp 的示範

Timestamp

　　Timestamp 是一種很重要的功能，尤其是在商務應用上。我們可以在新增一筆資料記錄時，加上新增的時間，這個時間記錄就像是電腦中檔案的「建立日期」一樣，讓我們知道這個檔案是何時建立的；然而，檔案還具有「修改日期」屬性，我們透過這個日期可以知道檔案在何時有被修改過。在資料庫中，我們要如何得知資料有沒有被修改過呢？要如何依照「被修改的時間」來排序呢？就要靠一個 Timestamp 來完成啦。舉個例子來看，假設我們有個資料表，記錄了一個會員系統的帳號與密碼，由一個遞增識別規格的欄位，我們可以知道誰是最新加入的會員，那我們能不能找出來最近一次修改密碼的會員是誰？依 Timestamp 來排序就可以知道了。

> **Null**
>
> 　　NULL 的含義是比較特別的。我們將其翻譯為「空值」，意思是這個欄位的值是空的，或說是不存在的。
>
> 　　當一個資料列的屬性中設定了「允許 NULL」，表示這個欄位可以接受 NULL 值的輸入，當使用者在輸入資料時，可以略過不填，也可以直接輸入 NULL。應注意的是，NULL 並不是一個字串。

示範：建立資料表「NULL 練習」

　　1.首先建立一個資料表，稱為「NULL 練習」，定義一個資料列，名稱為「字串」，資料型態為「nvarchar(50)」，並且不要勾選「允許 NULL」。

130

2. 此時我們開啟編輯此資料表，並在欄位中輸入 NULL，看看會發生什麼情況。

情況一8 輸入 NULL

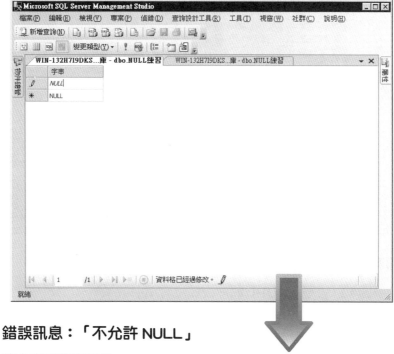

錯誤訊息：「不允許 NULL」

將會出現錯誤訊息：

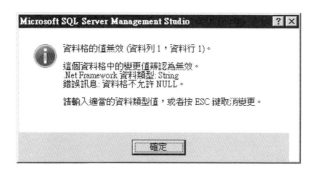

那麼我們要如何在資料列中輸入 NULL 這個字串呢？在 NULL 前後加上單引號即可：

情況二 8 改為輸入 ' NULL '

　　雖然這樣看起來好像會產生誤會，認為單引號也變成字串的一部份，但其實系統並不會讓 NULL 變成 'NULL'，我們以查詢來驗證：

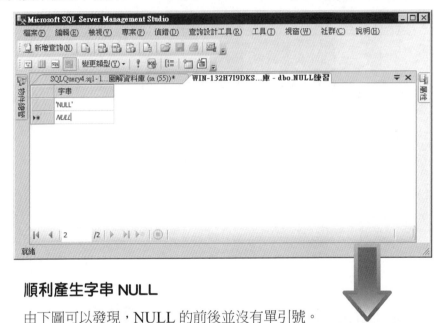

順利產生字串 NULL

　　由下圖可以發現，NULL 的前後並沒有單引號。

知識補充站

　　網站設計時往往會利用資料庫系統來提供資訊儲存的功能，不管是帳號密碼、訪客留言、瀏覽人數計數器或是網誌的文章等等，都是使用資料庫系統來完成，而這時，單引號就變成一個重要的資訊安全問題：SQL Injection。

　　在一個系統中，若是設計成可以接收使用者輸入字串，則這個字串在被資料庫系統處理時，若被視為是一個 SQL 指令而非單純的資料，那資料庫系統執行之後輕則發生指令錯誤，嚴重的話甚至可以盜取密碼或重要資料。我們來看一個例子，假設使用者輸入的帳號在我們的系統中是變數 account，而密碼是變數 password，而資料庫系統中，帳號與密碼放在 user 資料表中，欄位名稱是「帳號」與「密碼」。一個在設計時不夠完善的系統，可能會用這種方式來判斷帳號密碼正不正確：

> SELECT * FROM user WHERE
> 帳號 ='account' AND 密碼 ='password'

那我們來測試這組帳號密碼：

> 帳號：'OR 1=1 OR'　　　密碼：'OR 1=1 OR'

則 SQL 敘述變成了

> SELECT * FROM user WHERE
> 帳號 ="OR 1=1 OR" AND 密碼 ="OR 1=1 OR"

　　因為 1=1 是一定會成立的運算，所以上述 SQL 查詢的結果就是全部的資料了，因為查詢結果不是空的，所以通過驗證。當然這是一個可以解決的問題，也就是針對單引號、雙引號等字元進行處理，比較簡單的方式是將使用者輸入的資料中，每一個單引號改為兩個，上述的 SQL 敘述將變成

> SELECT * FROM user WHERE
> 帳號 ="'OR 1=1 --' AND 密碼 ="

　　連續 3 個單引號會讓資料庫傳回語法不正確的錯誤訊息，就不用擔心通過驗證了。

Unit 4-3
主索引鍵

在 ER Model 的章節中，我們提到了一個資料表應該要具備一個關鍵屬性，在 SMSS 的操作中，該如何設定關鍵屬性呢？

1. 設定欄位為主索引鍵

「關鍵屬性」在 SMSS 中即為**主索引鍵 (Primary Key)**，設定的方式很簡單，在資料表的「設計」視窗中，於使用者想欲設定為主索引鍵的欄位上按下右鍵，在命令選單中的第一項即是設定主索引鍵。

2. 設定為主索引鍵後將自動取消勾選「允許 NULL」

設定為主索引鍵之後，會發現欄位的前方多了一個金色鑰匙的圖示，而且「允許 NULL」也會自動被取消勾選，這是因為每一筆記錄的主索引鍵必須有不同的值，所以不能讓欄位的內容為 NULL。

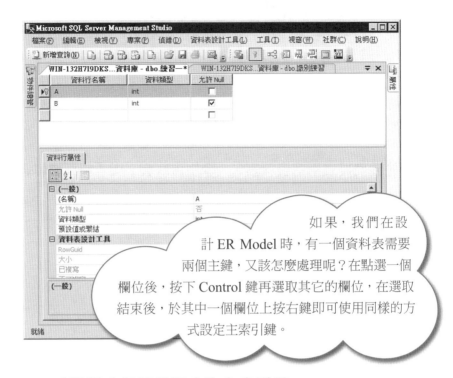

如果，我們在設計 ER Model 時，有一個資料表需要兩個主鍵，又該怎麼處理呢？在點選一個欄位後，按下 Control 鍵再選取其它的欄位，在選取結束後，於其中一個欄位上按右鍵即可使用同樣的方式設定主索引鍵。

3. 同時選擇多個欄位設定為主索引鍵

在設定後，會發現代表主索引鍵的金鑰出現在所有被選取的欄位中。

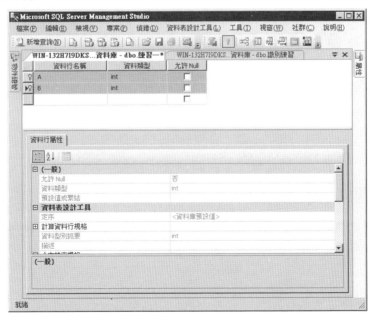

Unit **4-4**
建立關聯表之間的關聯

在 ER Model 的章節中，我們知道在進行正規化之後，一個資料表可能會被拆解成兩個以上的資料表，並以外部鍵來維持住它們的關聯性。我們在這裡示範如何建立兩個資料表的關聯。

首先我們建立兩個資料表，「學生資料表」與「科系資料表」

在建立學生資料表時，我們建立了三個欄位：ID 表示學號，Name 表示姓名，Department 表示科系。我們將 ID 欄位設定為主索引鍵，並且設定為識別。

1。設計學生資料表

2。設計科系資料表

再來，我們建立具有三個欄位的科系資料表，三個欄位是 depID，表示科系資料，phone，表示分機號碼，最後的 building 則是指科系所在的大樓。

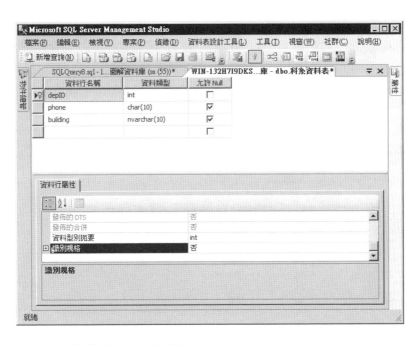

3. 填入學生資料表記錄

再來我們在資料表中填入資料如下:

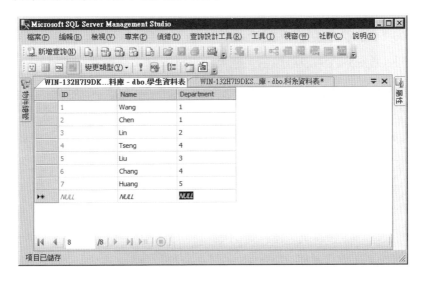

4. 填入科系資料表記錄

　　從欄位的名稱來看，很明顯的我們可以看出來學生資料表的 Department 欄位與科系資料表的 depID 欄位是相關聯的；因為科系資料表的 depID 欄位是關鍵欄位，學生資料表的 Department 欄位就是外部鍵囉。

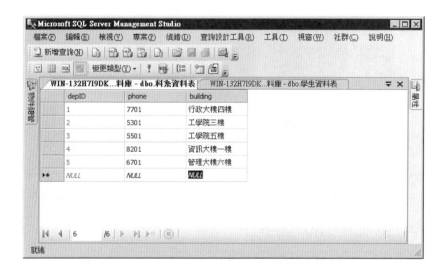

5.「關聯性」按鈕的位置

　　先回到資料表的設計視窗，在上面可以看到「關聯性」按鈕：

6. 在「資料表設計工具」中亦有關聯性可以選擇

或是使用選單中的「資料表設計工具」亦可。

139

7. 關聯性視窗

開啟「關聯性」視窗如下：

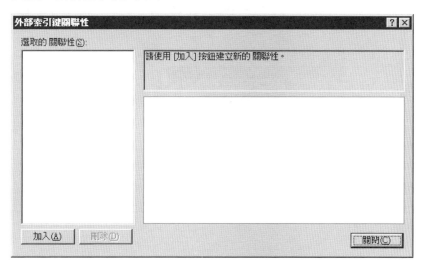

8。建立關聯性後將出現多種屬性

按下「加入 (A)」來建立新的關聯性。

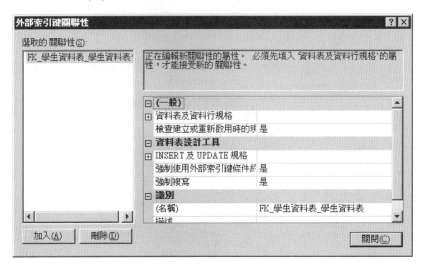

9。選擇「資料表及資料行規格」

左列所出現的是自動產生的關聯預設名稱，由 FK 開頭，意思即是 Foreign Key。此時請點選右方「資料表及資料行規格」，視窗會出現▦鈕。

10。設計資料表和資料行

主索引鍵資料表預設是學生資料表，需要做修改，按下即會出現「外部索引鍵關聯性」視窗，在視窗中，左邊指的是主索引鍵所存在的資料表，右方的欄位則是外部鍵所依賴的資料表，在我們的例子中，此關聯所需要的主索引鍵所在的資料表為科系資料表。

11。設定主索引鍵資料表與其對應欄位

此時我們將「主索引鍵資料表」選擇「科系資料表」，並將欄位選擇為 depID。而右方欄位則選擇 department。

12. 按下確定即可回到關聯視窗

在「資料表設計工具」中，有一些較為重要的屬性可以設定。

❶ 檢查建立或重新啟用時的現有資料

關聯可以暫停再重新啟用，這個屬性的意義就是是否要在關聯新建好的時候，或是重新啟用的時候，去檢查資料表中現有的資料是否有不符合規則的。所謂的不符合規則，就是外部鍵欄位的規則發生問題，像是外部鍵的值並不存在其所參照到的另一個資料表關鍵欄位。

❷ 設定 INSERT 及 UPDATE 規格

142

展開「INSERT 及 UPDATE 規格」，會展開兩個屬性：刪除規則與更新規則。許多使用者都會很困惑，為什麼不叫做「DELETE 及 UPDATE 規格」，這個問題由來已久，大概只能問微軟了。在新增資料時，可以由下面的「強制使用外部索引鍵條件約束」來控制要不要檢查正確性，這裡的兩個屬性是用在刪除資料與更新資料時，要怎麼處理對應的資料。

外部索引鍵關聯性	? ✕
選取的 關聯性(S):	正在編輯新關聯性的屬性。 必須先填入 '資料表及資料行規格'的屬性，才能接受新的 關聯性。

FK_學生資料表_科系資料表

□ (一般)	
⊞ 資料表及資料行規格	
檢查建立或重新啟用時的現	是
□ 資料表設計工具	
□ INSERT 及 UPDATE 規格	
刪除規則	沒有動作
更新規則	沒有動作
強制使用外部索引鍵條件約	是
強制複寫	是
□ 識別	

加入(A)　刪除(D)　　　　　　　　　　　關閉(C)

刪除規則與更新規則都有四種選項：

沒有動作

　　當刪除或更新某一筆記錄，導致關聯到這個欄位的值發生問題時，什麼事也不要做。例如：當我們將 depID 為 1 的資料刪除時，學生資料表的 Wang 與 Chen 將會產生找不到科系的狀況，如果選擇了「沒有動作」，則 Wang 與 Chen 都將繼續保留 department 欄位值為 1。很明顯的這樣會發生問題，建議以其它方式處理。

重疊顯示

　　重疊顯示是一個不太容易理解的翻譯，原文是 cascade，是串接或串聯的意思。這個選項的意思是，相關聯的記錄將連帶刪除或是連帶更新，這是一種比較常用的做法。

　　以上述的例子來看，當 depID 為 1 的記錄刪除後，表示已經沒有這個科系，我們可以將 Wang 與 Chen 這兩筆記錄一起刪除。若是對於 depID 為 1 的記錄，我們將其 depID 更新為 10，則 Wang 與 Chen 的 department 值將會連帶更新為 10。

　　為什麼這個選項不是預設值呢？因為自動的修改欄位值可能並不是使用者所預期會發生的，例如在應用程式中以 (department=1) 來做判斷，若 department 改為 10，應用程式就會發生問題，而且難以發覺為什麼會出錯，所以，保守起見，這個選項並不是預設。

設為 NULL

　　這是一種較為保險的方式，以刪除為例，上述的例子會將 Wang 與 Chen 兩筆記錄刪除掉，但是即使一個科系已經不存在，學生資料應該還是要保留住，所以這個設定就會將 Wang 與 Chen 的 department 欄位值更改為 NULL，而不會將整筆記錄刪除。

設為預設值

　　如果一個外部鍵欄位設有預設值，則將其值更改為預設值。

144

強制使用外部索引鍵條件約束

　　這個屬性決定了新增或更新外部鍵的資料表時，是否需要用外部索引鍵約束來檢查資料內容的正確性。

　　關聯可以建立當然也可以刪除，選取後點選「刪除 (D)」即可。

　　我們繼續範例的設定，此時我們設定「INSERT 及 UPDATE 規格」後，即可關閉此視窗。

1. 設定更新規則為「重疊顯示」

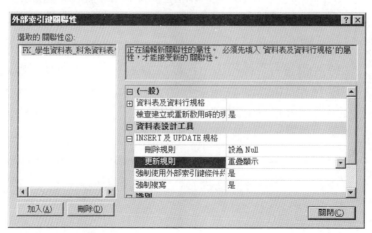

2。出現警告視窗

因為關聯性是與資料表有關，因此記得按下資料表的儲存鈕以免設定消失。儲存時應該會出現下列警告視窗：

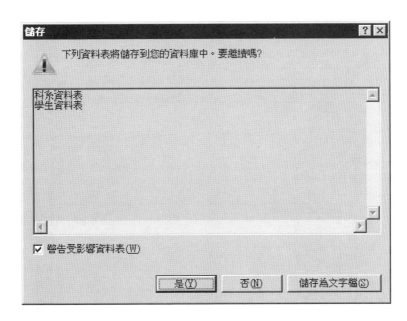

因為這個一個關聯性會與兩個資料表有關係，所以受影響的兩個資料表都要儲存。

此時我們即可測試關聯性的動作是否一如我們的預期。

執行如下的 SQL 敘述

- SELECT * FROM 學生資料表
- UPDATE 科系資料表 SET depID=6 WHERE depID=1
- SELECT * FROM 學生資料表

3. 科系資料表的 depID 更改後，學生資料表的 department 連動更改

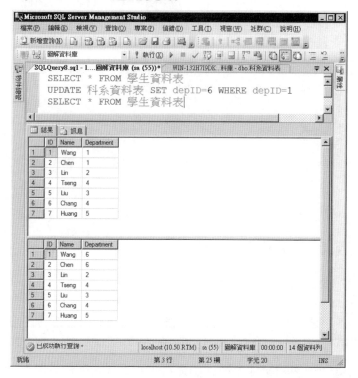

第二行的 UPDATE 敘述，意思是修改「科系資料表」，如果一筆記錄的 depID 欄位值為 1，則把它的 depID 欄位值改成 6。在執行的敘述中，我們並沒有去更動到學生資料表，但是在執行前與執行後，很明顯的我們注意到 Wang 與 Chen 的 Department 欄位值都變成 6 了，這就是在「更新規則」中設定為重疊顯示的結果。

現在我們再來示範刪除的效果，假設 depID 是 6 的科系已經不存在，我們將科系資料表中，depID 為 6 的科系刪除後，學生資料表會產生什麼樣的變動呢？

執行下列敘述

- SELECT * FROM 學生資料表
- DELETE 科系資料表 WHERE depID=6
- SELECT * FROM 學生資料表

執行結果如下：

4. 刪除科系資表中 depID 等於 6 的記錄，兩個學生的 department 值變成 NULL

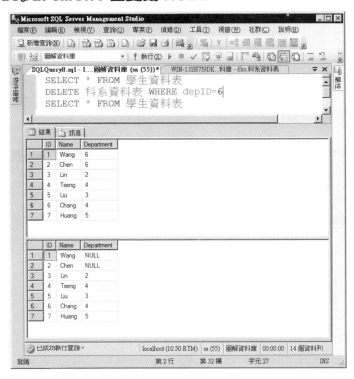

Wang 與 Chen 的 Department 欄位值自動的變成了 NULL。這些行為是為了維護資料的完整性。

資料的完整性分為以下四種：

1. **實體完整性：** 目的是要維持記錄的唯一性；可以透過主索引鍵、設定為識別來完成。

2. **區域完整性：** 目的是為了保證欄位的資料內容是正確的；這個需求可以透過設定預設值與外部鍵參考來完成。

3. **參考完整性：** 目的是為了確保資料表與資料表之間的關聯是無誤的；可以透過外部鍵的功能來完成。

4. **自訂完整性：** 除了上述的三種完整性之外，使用者可能因為資料庫應用環境的不同而需要針對資料進行各式各樣的確認動作。

Unit **4-5**
使用資料庫圖表來觀看關聯

資料庫圖表可以用來將資料表之間的關聯性以視覺化的方式呈現出來。

在物件總管中點開資料庫，在「資料庫圖表」中按下右鍵，可以看到「新增資料庫圖表」的選項。

1. 資料庫圖表

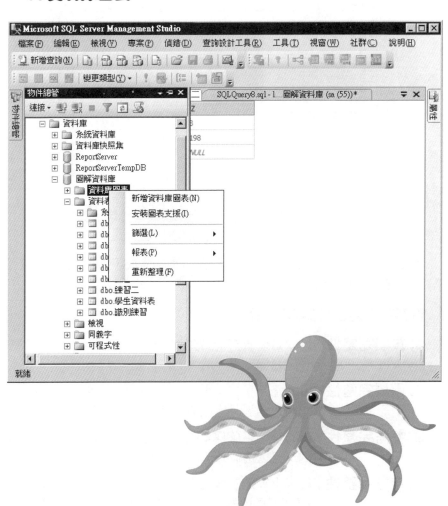

2. 第一次建立資料圖表的提示視窗

選擇「新增資料庫圖表」後,因為我們是第一次使用,所以會出現下面這個提示視窗:

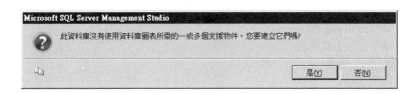

3. 選擇要加入資料庫圖表的資料表

選擇「是 (Y)」之後,將會出現一個視窗讓我們決定要處理的資料表為何,在此我們可以按下 Ctrl 鍵選擇適才建立關聯性的「學生資料表」與「科系資料表」:

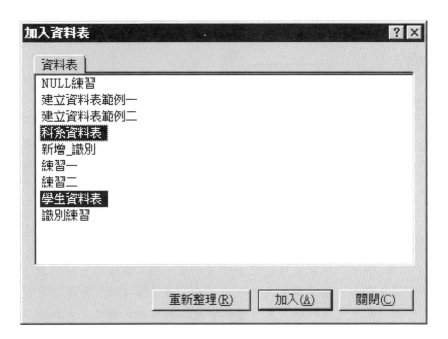

4. 只剩還沒選到的資料表

按下「加入 (A)」後，選過的資料表就會從清單中移除：

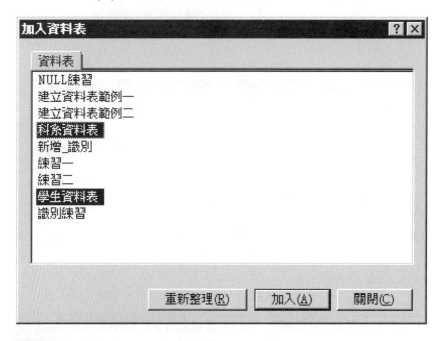

 小博士解說

　　建立視覺化關聯的用意是方便使用者確認資料表與資料表之間的關聯，當我們利用指令建立關聯時，並沒有辦法一眼即知兩個資料表之間的關聯為何，在輸入 SQL 敘述時，我們限定了一個資料表與其它資料表的關聯，但時間久了，我們可能不再記得這個表格當初是對應到另一個資料表的哪一個欄位，由這個視覺化的關聯圖，我們可以方便查詢、修改兩個資料表之間的關聯。

　　如果一次就自動選擇全部資料表，那可能會是一場災難，因為載入大量資料表之後，除了速度會變慢之外，另外就是視窗內塞滿了資料表，反而會影響建立關聯的工作效率。我們可以利用多個資料庫圖表來為資料表進行分類，不同的資料表性質，可以建立出不同的資料庫圖表，方便未來管理。

5. 自動產生兩個資料表的關聯狀況

此時即可選擇關閉，我們所建立的資料庫圖表如下：

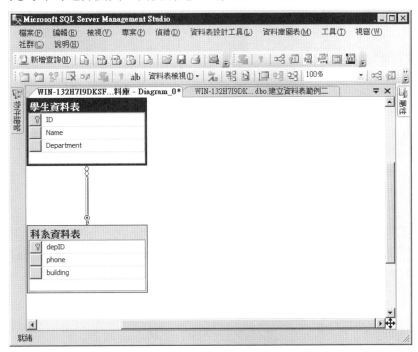

此圖表中間的那一條線告訴了我們，學生資料表與科系資料表之間具有一種關聯性。

 知識補充站

　　建立資料庫關聯的工具很多種，在 SMSS 中，我們可以使用這個工具，那如果我們使用的資料庫系統不是 Microsoft SQL Server 呢？其實 Microsoft Visio 也可以用來做為建立資料庫圖表的工具。在 Visio 中，選擇「軟體與資料庫」範本，再選擇「資料庫模型圖」，建立後，在左邊的圖形中，有實體關係、物件關係等等，以實體關係中的「實體」為例，可以為這個實體建立「資料庫屬性」，包含了定義、資料欄、主要識別碼、索引、觸發程序、檢查與擴充等等。將相關資訊填好了之後，再選擇「關聯」圖形，可以對這個關聯進行設定。透過 Visio，我們可以建立出非常專業的資料庫圖表，方便相關人員進行查詢。

Unit **4-6**
使用 SQL 敘述新增資料表

知道了各種屬性的使用方式之後，我們已經具備了足夠的知識來建立
資料表，SQL 敘述如下

> CREATE TABLE 資料表名稱
> (
> 　　欄位定義與欄位規格
>)

資料表名稱當然要符合 SQL Server 的規範，另一個常見的錯誤是漏
打了括弧。在欄位定義與欄位規格的部份，當欄位的數量不只一個時，使
用逗號隔開即可。欄位定義與規格的格式如下：

> 欄位名稱 型態 屬性

注意中間是以空白隔開，型態的部份請參考前面的章節內容，我們這
裡來介紹屬性的部份。

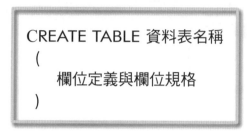

屬性可以概略分為以下數種：

NULL 與 NOT NULL

設定這個欄位是否允許填入 NULL。

COLLATE collationName

　　這裡是用來設定定序，collationName 是定序的格式，常見的有以下幾種。

Chinese_Taiwan_Stroke_CS_AS
Chinese_Taiwan_Stroke_CI_AS
Chinese_Taiwan_Stroke_BIN

其中 BIN 的意思是使用二進制排序，CS 表示不分大小寫，CI 表示要區分大小寫，AS 是指要區分腔調字。

CONSTRAINT constraintName

　　指定要使用哪一種約束，這裡所使用的約束必須事先建立好。

DEFAULT defaultValue

　　指定預設值，預設值可以是單純的值，也可以是一個運算式。

IDENTITY(seed, increment)

　　指定這個欄位為識別，seed 是識別值的初始值，而 increment 則是每次增加的量，例如 IDENTITY(100,5)，表示識別值由 100 開始，下一筆記錄則是 105，再來是 110，依此類推。

ROWGUIDCOL

　　指定這個欄位的內容是 ROWGUID。

我們先來看一個簡單的例子：

CREATE TABLE 建立資料表範例一 (X int, Y int)

1。建立資料表

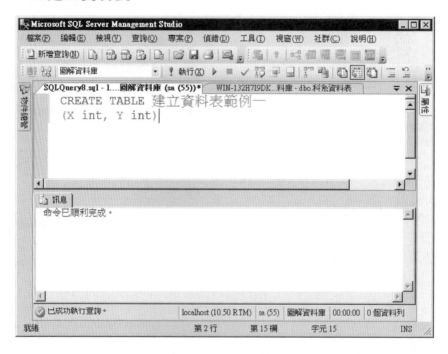

這樣就建立好了一個表格，具備兩個欄位，名稱分別是 X 與 Y，欄位的資料型別是整數。

2。建立具有計算欄位的資料表

一般的欄位需要指定欄位定義與規格，如果是「計算欄位」，則我們只需要說明欄位名稱與運算式即可，例如

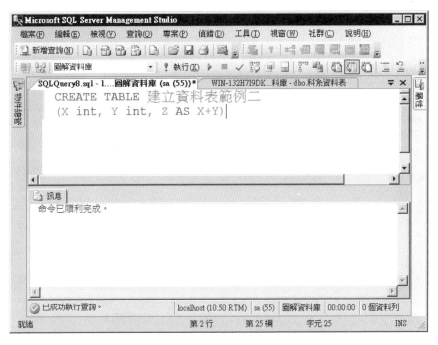

從上圖中的 SQL 敘述可以知道,建立計算欄位的敘述是

欄位名稱 AS 運算式

3. 具有計算欄位的資料表

建立後的結果如下:

4. 計算欄位的內容會依建立的公式來運作

可以注意到，欄位 Z 的內容是不可編輯的，我們只需輸入 X 與 Y 再按下 ENTER 即可：

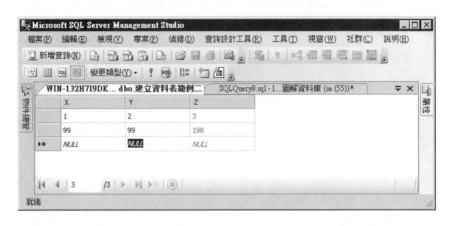

欄位 Z 的值會在 X 與 Y 建立後自動產生，內容是 X+Y 的結果。

現在我們來做另一個示範，包含了如何產生識別屬性。我們所使用的 SQL 敘述如下：

> **SQL 敘述**
>
> ```
> CREATE TABLE 建立資料表範例三
> ( A int IDENTITY(5,10),
>   B int NOT NULL,
>   C int DEFAULT 99 )
> ```

執行後的結果如下：

5. 建立具有識別的資料表

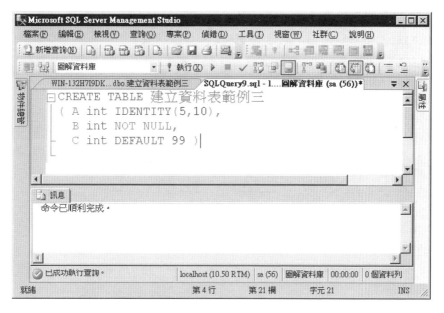

6. 不允許 NULL 的錯誤訊息

　　最後建立出的關聯表將包含 3 個欄位 A、B 與 C，其中欄位 A 的值是不能手動輸入的，會自動輸入識別值，而且，因為我們對欄位 B 設定了「NOT NULL」的限制，所以若是只輸入欄位 C 的值，則會出現錯誤訊息：

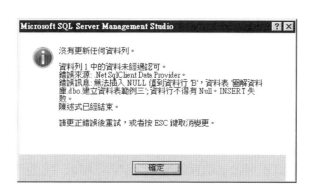

7. 輸入值來觀察變化

　　觀察這個資料表，可以發現欄位 A 的值是由 15、25 依 10 遞增，而欄位 C 若是未輸入任何值，則會以 99 做為其預設值。

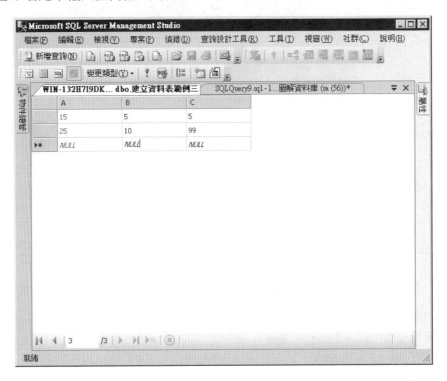

　　在建立關聯表時，我們也可以在建立的同時，指定外部鍵與其關聯，指定的方式是在欄位定義中加入下列敘述：

CONSTRAINT 關聯的名稱
FOREIGN KEY REFERENCES 要參照的關聯表 (欄位名稱)
ON DELTE NO ACTION 或 CASCADE 或 SET NULL 或
SET DEFAULT
ON UPDATE NO ACTION 或 CASCADE 或 SET NULL
或 SET DEFAULT

　　後面兩行就是關聯中的「INSERT 及 UPDATE 規格」，NO ACTION、CASCADE、SET NULL 與 SET DEFAULT 就是對應到選項「沒有動作」、「重疊顯示」、「設為 NULL」與「設為預設值」。

我們建立兩個新的關聯表如下：

> ### 關聯表
>
> ```
> CREATE TABLE 建立資料表_關聯一
> ( A int PRIMARY KEY,
>   B int)
> CREATE TABLE 建立資料表_關聯二
> ( D int,
>   E int,
>   F int    CONSTRAINT FK_建立資料表_關聯
>   FOREIGN KEY REFERENCES 建立資料表_關聯一
>   (A)
>   ON DELETE CASCADE
> )
> ```

1 在建立「建立資料表_關聯一」的時候，我們只簡單的建立兩個欄位 A 與 B，其中欄位 A 設定為主鍵。

2 在建立第二個資料表「建立資料表_關聯二」時，我們設定欄位 F 是整數型態，同時要參考到「建立資料表_關聯一」的欄位 A，並且在「建立資料表_關聯一」發生刪除記錄的動作時，要連帶的將「建立資料表_關聯二」的記錄也刪除掉，這個關聯的名字取名為「FK_建立資料表_關聯」，因為設定外部鍵是屬於欄位限制的一種，所以要使用關鍵字 CONSTRAINT。

1. 建立具有關聯的兩個資料表

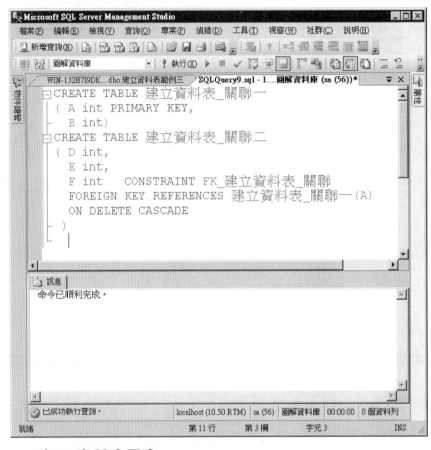

2. 加入資料庫圖表

接著我們以資料庫圖表來檢視關聯：

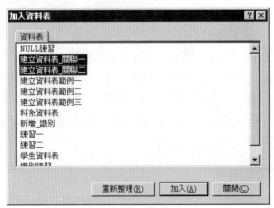

3. 檢視兩個資料表是否具有關聯性

我們可以由資料庫圖表來確認關聯的建立是否正確。

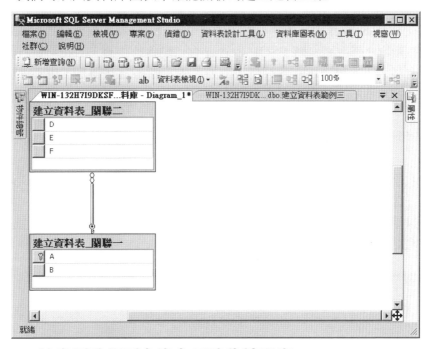

4. 檢查刪除規則有沒有正確的被設定

從外部索引關聯性的視窗中可以看到敘述中的 ON DELETE CASCADE 所造成的影響。

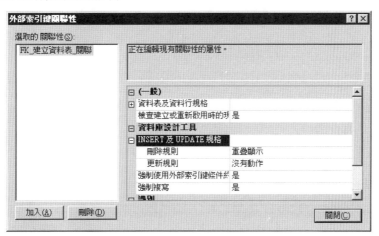

Unit 4-7
對資料內容設定限制

在 SQL Server 中，我們可以在建立資料表的時候先對欄位進行限制，未來在新增、修改資料時，SQL Server 會自動進行檢查，若是新資料的內容不合規定，就會出現錯誤訊息，例如人的年齡不會是負數，也不太可能會超過 200，人的體重也不會是負數，在輸入資料時，透過限制可以在輸入錯誤後馬上發現問題，而不必在系統發生更重大的失敗後才知道原來是某一筆記錄的某個欄位發生輸入錯誤。

我們在前面的章節所提到的外部鍵就是一種限制，資料型別也可以看成是一種限制，PRIMARY KEY 當然也算是一種限制，除此之外，我們還可以使用邏輯判斷來為欄位加入限制，使用的方式是在欄位定義中加入 CHECK 關鍵字：

> CONSTRAINT 限制的名稱 CHECK (邏輯判斷)

如果將上述敘述放在 CREATE 敘述中，括弧內的最後一個部份，則可以對整個資料表建立限制。我們以範例來看：

建立限制

```
CREATE TABLE 限制練習一
( A int CONSTRAINT A 的限制 CHECK(A<10),
  B int,
  C int,
  CONSTRAINT 表的限制 CHECK(B>10 AND C>10)
  )
```

1.建立具有限制的資料表

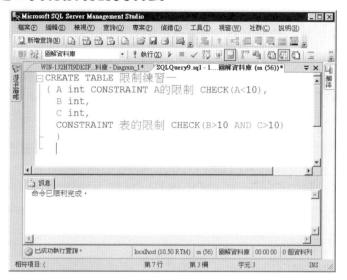

在表格「限制練習一」中,我們首先對欄位 A 進行限制,A 的值必須小於 10,而後我們再對欄位 B 與欄位 C 進行限制,要求這兩個欄位的值必須要大於 10。我們來看看錯誤的訊息為何:

錯誤訊息

```
INSERT 限制練習一 VALUES (1, 11, 11)

INSERT 限制練習一 VALUES (1, 1, 1)
```

2.插入資料來驗證限制是否能成功運作

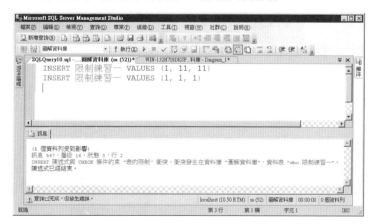

我們可以發現這裡出現了一次錯誤，出錯的是第二行的 **INSERT** 敘述，錯誤的原因即是因為欄位 B 與欄位 C 所對應的值並沒有大於 10，因此發生錯誤。

我們在建立限制的當下，有可能會因為考慮不周延而訂定了過於嚴苛的條件，導致想要輸入的資料無法正確處理。在 SQL Server 中，限制是可以暫時關閉的。關閉的功能是利用 ALTER 敘述來完成，語法如下：

> ALTER TABLE 表格名稱
> NOCHECK CONSTRAINT 限制的名稱

3. 關閉限制

我們來看一個實際的例子，在前面的示範中，我們要增加資料 (1, 1, 1) 時發生了錯誤，因為欄位 B 與欄位 C 的值必須要大於 10，現在，我們把限制關閉再試一次：

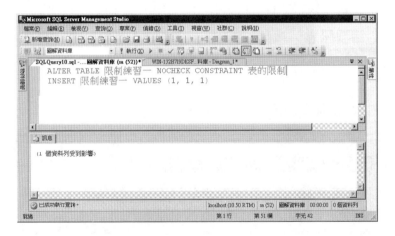

現在 (1, 1, 1) 可以成功寫入。

若要重新啟用限制，將上述的 NOCHECK 敘述改為 CHECK 即可：

> ALTER TABLE 表格名稱
> CHECK CONSTRAINT 限制的名稱

習 題

1. 下列項目應該使用哪一種資料型態較為妥當？

   (1) 月薪

   (2) 一個班級的學生數

   (3) 一間 7-11 的每月營業額，只計算到「元」

   (4) Google 的資產以台幣來計算，只計算到「元」

   (5) 圓周率

   (6) 台幣對日幣的匯率

   (7) 入院日期

   (8) 銀行網路系統中，登入系統的時間

   (9) 依順序領取獎品的系統，要儲存每個人的報名時間

   (10) 台灣人的姓名

   (11) 美國人的姓名

   (12) 影像檔

   (13) 網頁文章

2. 舉例說明識別戳記的用途。

3. 假設你是零件行的老闆，現在你將全部的零件分為 A、B 與 C 三種不同種類，你準備建立三個資料表，裡面記錄了每一種零件的規格與製作所需的材料。假設我們知道 B 種類的零件需要 A 種類的零件才能製作，C 種類的零件需要的是 B 種類的零件，那你會如何設計三個資料表之間的關聯，以免發生問題？舉例來說，如果某個 C4 零件需要 B3 零件，但是 B 資料表中找不到 B3 零件，當然也就沒有 B3 的相關資訊，你就不知道 C4 到底是怎麼做出來的，也不知道要如何調貨。

4. 給定下列條件，請寫出對應的 SQL 敘述，以建立資料表：

- 材料資料表

   (1) 要有自動的數值編號

   (2) 品名，長度最多 20 個字

(3) 製造商，長度最多 15 個字

(4) 定價

(5) 售價

(6) 存貨

(7) 保固期限，以月為單位

- 服裝資料表

  (1) 要有自動的數值編號

  (2) 品名，長度最多 20 個字

  (3) 製造商，長度最多 15 個字

  (4) 尺寸代號

  (5) 尺寸（以公厘計算）

  (6) 顏色代碼

  (7) 存貨數

  (8) 定價

  (9) 售價

  (10) 下游折價

第 5 章

新增與刪除資料記錄

Unit 5-1
新增資料記錄

圖
解
資
料
庫

　　新增資料最方便的方式當然是透過視窗界面操作，但是透過指令的方式，一方面可以增加效率，另一方面也方便進行程式設計，以自動化的方式增加新的資料。新增資料的語法相當簡單，基本結構如下：

> INSERT 表格名稱 (欄位名稱，第二個名稱)，…
> VALUES (運算式或值)，(第二個運算式或值)，…

新增資料的重點如下：

1.

　　首先要注意到的是，上述的小括弧是必須的。

168

2.

　　關鍵字是 INSERT 與 VALUES，而 INSERT 與 INSERT INTO 同義，效果是相同的。

3.

　　「(欄位名稱)」是用來控制要新增哪些值到新的記錄中，如果省略「(欄位名稱)」，就表示要對新記錄的每個欄位寫入新的值。

4.

　　「(欄位名稱)」與「(運算式或值)」是互相配對的，當使用者指定了三個欄位名稱，在運算式或值的部份也一定要有三個運算式或值，一一對應。

我們利用「練習一資料表」來進行示範：

```
SELECT * FROM 練習一
INSERT 練習一
VALUES (11,12),(13,14),(15,16)
INSERT 練習一 (A)
VALUES (17),(19)
SELECT * FROM 練習一
```

1。插入新的資料

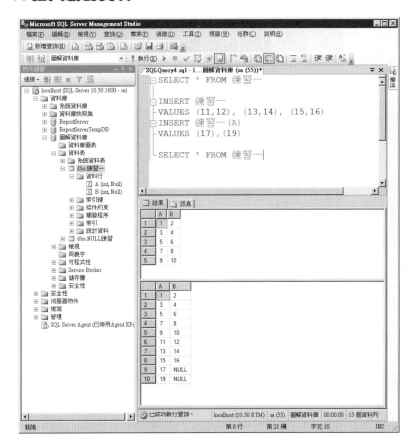

圖解資料庫

從示範中可以看到，第一次運算的 INSERT 敘述打算增加 (11,12)、(13,14) 與 (15,16) 三筆記錄，兩個值剛好對應到 A 與 B 兩個欄位，所以在敘述中可以省略欄位名稱。

第二個 INSERT 敘述中，我們指定了只有欄位 A 是需要處理的，所以 17 與 19 這兩個值就會在新增記錄時，儲存於欄位 A。

2. 建立具有識別的資料表

當資料被設定為具有識別屬性或其它不允許使用者自行輸入值的情況，欄位會自動跳過，我們來看一個示範。

- 首先，我們建立一個資料表「新增_識別」，欄位有三個，分別是 A、B 與 C。
- 其次，我們為欄位 A 設定識別屬性：

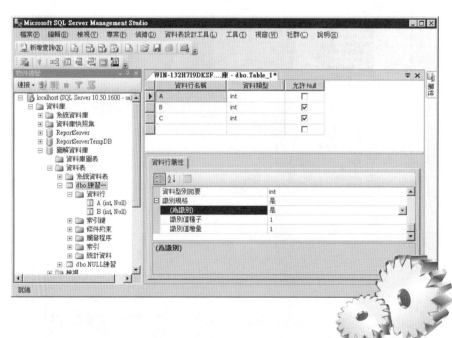

3. 不需要處理具有識別的欄位

此時我們再執行下列 INSERT 敘述：

```
INSERT 新增_識別 VALUES (1,2), (3,4)
SELECT * FROM 新增_識別
```

結果如下圖：

我們可以發現，雖然省略了欄位名稱而且我們在值的部份只有兩個值，沒有對應到所有的欄位 A、B 與 C，仍可以順利新增資料，這是因為欄位 A 具有識別屬性，會自動填入適當的值，我們在新增時就可以省略不填。

新增資料時常發生的問題

新增同樣的資料

新增一模一樣的記錄是可行的，有時疏於注意便會輸入相同的資料，導致有兩筆一樣的記錄，這樣的記錄會違反主索引鍵的唯一性規則。

欄位與值對應錯誤

這是在輸入敘述時常犯的錯誤，當資料型別錯誤時，系統會提出錯誤訊息，但是若資料型別剛好相同，則這種錯誤很難被發現。

字串忘記加單引號

字串需要在前後使用單引號括起來，不熟悉敘述的使用者可能會忘記這個規則，導致新增資料失敗。

能不能使用複製的方式，將一個關聯表內的資料複製到另一個資料表呢？當然是可以的，這種語法需要搭配 SELECT 敘述，語法如下：

```
INSERT 第一個表格名稱 ( 欄位名稱，第二個名稱 )，…
SELECT 敘述
```

我們在這裡必須先提到 SELECT 敘述的用法。SELECT 敘述主要的功能在於查詢資料，基本結構如下

```
SELECT 欄位名稱
FROM 表格名稱
WHERE 邏輯條件
```

其中，「WHERE 邏輯條件」的用途在於，只有邏輯條件成立 (結果為真) 的情況下，資料才會被挑選出來做為查詢的結果。

我們來做一個 INSERT 搭配 SELECT 的示範，首先建立一個新的資料表「練習二」如下：

1. 建立「練習二資料表」

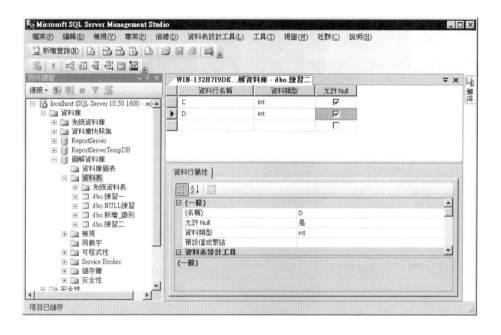

在「練習二」建立完成後，我們將「練習一」的部份資料複製到「練習二」中，所使用的語法如下：

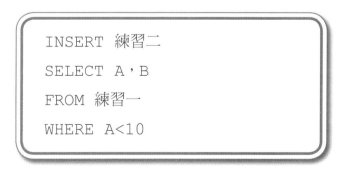

```
INSERT 練習二

SELECT A，B

FROM 練習一

WHERE A<10
```

執行的結果如下：

2. 將「練習一」的內容複製到「練習二」

因為關聯表「練習二」是新建立的，因此沒有任何資料，第一行的 SELECT 敘述所得到的結果是空白。

接著我們執行了 INSERT 搭配 SELECT 的敘述，之後再執行一次同樣的敘述，得到的是具有 5 筆記錄的「練習二」，其中欄位 C 的資料內容都滿足「小於 10」的條件，因為這 5 筆記錄即是「練習一」中滿足「A<10」這個條件的記錄。

因為「練習一」與「練習二」具有相同的欄位數目與屬性，因此，欄位 A 的資料對應到欄位 C，而欄位 B 的資料則是對應到欄位 D。

在使用 INSERT 搭配 SELECT 時，更要注意欄位對應的問題。我們在這裡舉一個與預期有差異的例子：

圖解資料庫

```
SELECT ＊ FROM 練習二
INSERT 練習二 (D,C)
SELECT A，B
FROM 練習一
WHERE A<10
SELECT ＊ FROM 練習二
```

得到的結果如下：

3. 利用 SELECT 來插入資料

也就是欄位 A 對應到欄位 D，而欄位 B 的值在「練習二」中，是儲存在欄位 C 的地方。

Unit 5-2
刪除資料記錄

　　刪除資料可以分為三種，一是刪除關聯表中的一筆記錄，另一個則是清空整個關聯表內的資料，變成一個空的資料表，最後一個則是刪除掉關聯表，以後再也不能使用。

　　使用 DELETE 敘述，可以讓我們進行單筆記錄刪除與全部記錄刪除的動作，基本語法規則相當簡單：

> ### DELETE 表格名稱

　　這樣的敘述會將全部的資料都刪除掉，如果我們只是希望刪除一筆或數筆記錄呢？可以用 DELETE 敘述搭配 WHERE 敘述來完成：

> ### DELETE 表格名稱 WHERE 邏輯條件

　　另一種清空關聯表的語法是 TRUNCATE，用法如下：

> ### TRUNCATE 表格名稱

　　要刪除掉關聯表，我們可以使用 DROP 敘述：

> ### DROP TABLE 表格名稱

　　我們先建立一個關聯表來作為示範：

```
CREATE TABLE 刪除示範 (A int，B int)
INSERT 刪除示範 VALUES
(1,1),(2,2),(3,3),(4,4)
SELECT * from 刪除示範
```

1. 建立要示範刪除的資料

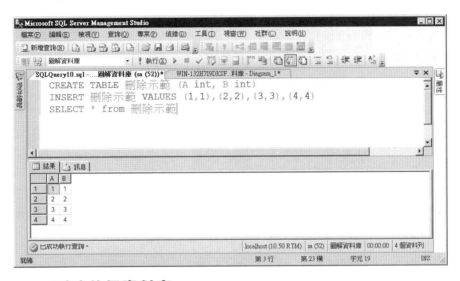

2. 刪除整個資料表

現在我們已建立了一個「刪除示範」關聯表,現在,我們來刪除資料:

```
DELETE  刪除示範

SELECT  *  FROM  刪除示範
```

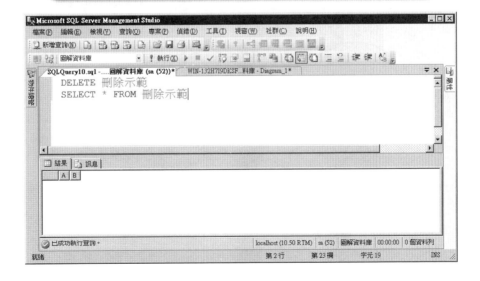

3. 移除資料表

因為我們在敘述中並未指定邏輯判斷式，所以每一筆記錄都被認為符合刪除條件，資料表的內容就被清空了。另一個可以做到相同功能的敘述是 TRUNCATE。現在我們將關聯表移除：

```
DROP TABLE  刪除示範
SELECT  *  FROM  刪除示範
```

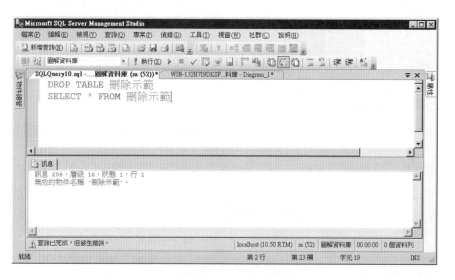

178

因為「刪除示範」關聯表已經被移除，所以第二行的 SELECT 敘述將會因為找不到關聯表而顯示出錯誤訊息。

暫存資料表

在實際的應用環境中，我們常需要建立一個資料表來儲存暫時性的資料，在使用後立即移除，我們可以在使用前以 CREATE 建立關聯表，再於使用後以 DROP 將這個表格移除，但是 SQL Server 提供了更好的做法，也就是暫存資料表，建立暫存資料表的方式如下：

CREATE TABLE # 表格名稱 (欄位定義)

也就是說，表格的開頭以 # 開始，即為一個暫存關聯表。這個關聯表只有建立的人可以使用，在離線後，SQL Server 會自動將這個關聯表移除。若是要建立一個所有人都可以使用的暫存關聯表，則需要在表格的名稱前加上 ##。

CREATE TABLE #暫存 (A int)

1. 建立暫存資料表

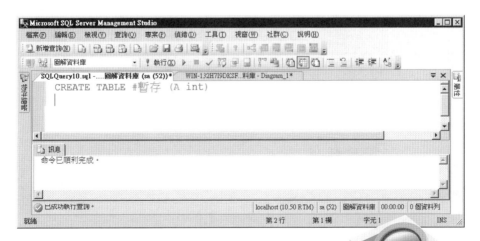

2. 暫存資料表的位置

這個資料表在建立之後會存放在哪裡呢？會放置在系統資料庫中的 tempdb 資料庫，將 tempdb 資料庫點開之後，再點開「暫存資料表」，即會看到我們建立的「暫存」資料表，因為每個使用者都可以建立一個名為「暫存」的資料表，所以會發現這個資料表的名字具有很長的識別文字，以避免名稱上的衝突。

3. 重新登入後，暫存資料表自動消失

現在，我們關閉 SMSS 後再登入，就會發現這個「暫存」資料表已經消失了。

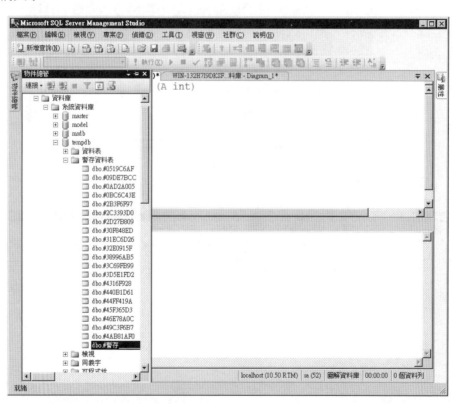

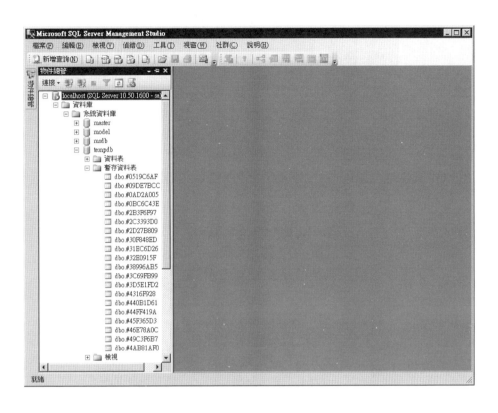

 知識補充站

　　暫存資料表是用在儲存暫時需要、沒必要一直保留的資料，例如，我們想利用資料庫系統來做一些計算，計算後的結果在提取之後，並沒有保留的必要性，此時我們就會利用暫存資料表來完成這個工作。

　　因為暫存資料表不支援備份與還原，所以如果資料消失了，例如重新啟動 SQL Server 之後，是救不回來的喔。

Unit 5-3
檢視新增與刪除的資料

圖解資料庫

　　一般情況下，在執行 INSERT 與 DELETE 敘述時，SMSS 只會顯示受影響的記錄數量，但有時候使用者比較關心的是，新增了哪些資料，又刪除了哪些資料。在 SQL Server 中，我們可以使用 OUTPUT 這個敘述來協助我們做這件事。

　　OUTPUT 可以用在 INSERT、UPDATE 與 DELETE 中，用法如下：

182

> INSERT 表格名稱
> OUTPUT 敘述
> VALUES 要新增的值
>
> UPDATE 表格名稱
> SET 要改變的條件
> OUTPUT 敘述
> WHERE 條件
>
> DELETE 表格名稱
> OUTPUT 敘述
> WHERE 條件

　　OUTPUT 敘述的用法如下：

> OUTPUT INSERTED. 欄位名稱 或 DELETED. 欄位名稱
> INTO 表格名稱 (欄位名稱)

　　其中，INSERTED 與 DELETED 表示插入的部份與刪除的部份，這兩個動作的欄位名稱可以用 * 來表示，也就是處理全部受影響的欄位，而 INTO 的部份，則是可以將受影響的欄位輸出為一個新的表格。

1. 建立資料表並插入資料

首先我們先建立一個具有兩個欄位的暫存資料表，並插入一筆記錄：

```
CREATE  TABLE  #OUTPUT示範 (A int,B int)
INSERT  #OUTPUT示範 VALUES (1,1)
```

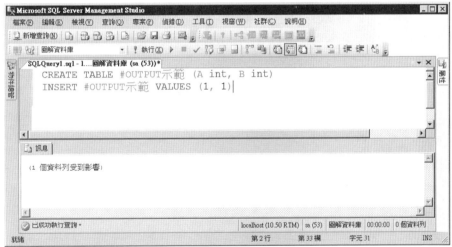

這是基本的狀況，可以發現 SMSS 所回傳的結果是告知有幾個資料列受到影響。

2. 檢視插入的資料的欄位 A 內容

現在來看下一個示範：

圖解資料庫

```
INSERT #OUTPUT 示範
OUTPUT INSERTED.A
VALUES (2,2)
```

184

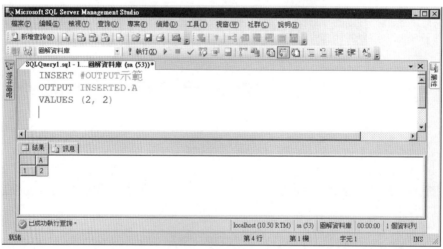

在這個例子中，我們利用 OUTPUT INSERTED.A 來顯示已插入的新資料，並且只顯示欄位 A 的內容，因此 SMSS 所顯示的結果僅包含了一個欄位 A。

現在我們再來示範顯示所有欄位的效果：

```
SELECT * FROM #OUTPUT 示範

INSERT #OUTPUT 示範

OUTPUT INSERTED.*

VALUES (3，3)
```

3. 檢視插入的資料

(1) 我們首先用 SELECT 敘述，將「#OUTPUT 示範」資料表的內容
全部列出。

(2) 再使用 INSERT 搭配 OUTPUT 將插入的資料全部列出，可以發
現這次 SMSS 將 (3，3) 完整的呈現出來了。

185

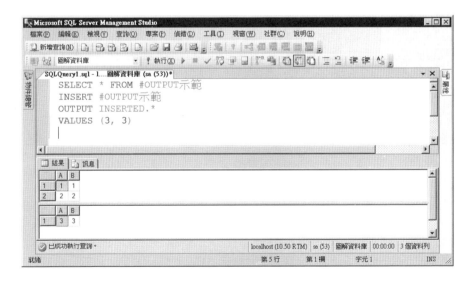

圖解資料庫

4. 檢視刪除的資料

再來看 DELETE 的示範：

```
DELETE  #OUTPUT 示範
OUTPUT DELETED.*
WHERE  A=1
```

186

我們刪除了符合條件 A=1 的記錄，因為 OUTPUT 的敘述中使用了
DELETED.*，所以 SMSS 將所有刪除的記錄都列了出來。

5. 將插入的資料記錄的欄位 B 插入到暫存資料表中

現在我們來示範 INSERT 搭配 OUTPUT INTO。

```
CREATE TABLE #OUTPUT 示範_INSERT (C int)
INSERT #OUTPUT 示範
OUTPUT INSERTED.B INTO #OUTPUT 示範_INSERT
VALUES (4,5)
SELECT * FROM #OUTPUT 示範_INSERT
```

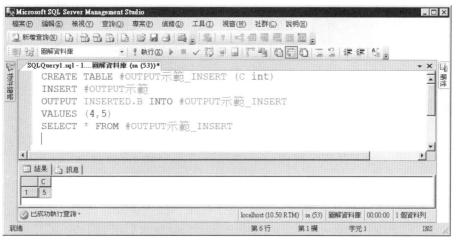

OUTPUT 敘述的 INTO 功能並不能產生新的關聯表，所以我們必須手動建立，在這裡我們將其命名為「#OUTPUT 示範 _INSERT」，並且只有一個欄位 C。

在 INSERT 敘述執行結束後，我們用 SELECT 敘述將「#OUTPUT 示範 _INSERT」的內容全部列出，可以發現原來新增至「#OUTPUT 示範」的資料，(4, 5) 之中的欄位 B 的值已經儲存至「#OUTPUT 示範 _INSERT」，也就是 5。

6. 將刪除的資料備份起來

將刪除的記錄另存為一個新的表格是很有用的，我們可以看做是記錄的備份，當一筆記錄有可能產生誤刪的狀況時，藉由將這些記錄另存到其它表格，我們未來可以從這個表格中將資料救回來。

例如，一個作為儲存網站留言的資料庫，當我們發現廣告留言或是不當留言時，就需要將這些留言刪除，以免影響到其它使用者，然而，若是需要這些留言做為一些協助調查的證據，刪除之後要從備份資料中尋找，並不容易；如果我們在刪除這些不當留言資料時，使用了 OUTPUT 敘述並搭配，就可以到儲存的表格中直接使用。

我們在這個示範中，首先建立一個表格為「#OUTPUT 示範 _DELETE」，這個表格包含了三個欄位，欄位 X 與欄位 Y 都是整數，可以與「#OUTPUT 示範」的欄位對應。

再來我們建立了一個欄位 Z，資料型態是 datetime，特別的地方在於我們利用 default 語法，將欄位 Z 的預設值設定為 getdate()，這是一個系統函數，目的在於取得目前時間。

當我們對「#OUTPUT 示範 _DELETE」插入新的記錄時，若是欄位 Z 並沒有對應的資料，它的內容就會是利用 getdate() 所取得的目前時間。

```
CREATE TABLE #OUTPUT示範_DELETE
 (X int,Y int, Z datetime default getdate())
DELETE #OUTPUT示範
 OUTPUT DELETED.* INTO #OUTPUT示範_DELETE(X,
Y)
SELECT * FROM #OUTPUT示範_DELETE
```

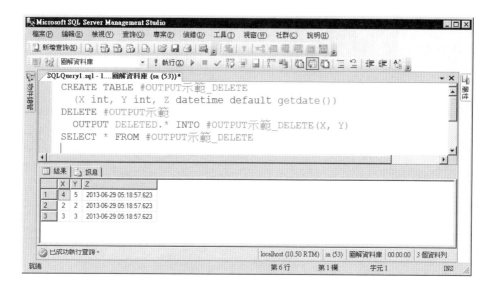

　　在三個敘述運算結束之後，我們建立了表格「#OUTPUT 示範_DELETE」，同時刪除了「#OUTPUT 示範」的全部內容，並且將刪除的內容都儲存至「#OUTPUT 示範_DELETE」，用 SELECT 列出的結果顯示，除了「#OUTPUT 示範」被刪除的記錄之外，最後的欄位 Z 也顯示了記錄被插入的時間，利用這個時間值，我們就可以判斷記錄是何時被刪除的，是一種非常有用的工具。

習 題

1. 新增資料時，常發生的問題有哪些？

2. 若已經有一個資料表名為「會員」，你知道其中有個欄位是「年齡」，
要如何複製這個資料表的資料到「成年會員」？

3. DELETE 與 TRUNCATE 有什麼不同？

4. 要如何建立暫存資料表？暫存資料表的優缺點有哪些？

5. 要如何將刪除與新增的記錄儲存到另一個資料表？這樣做有什麼好處？

第 6 章

資料查詢

Unit 6-1
資料查詢

查詢資料是資料庫最常用也是最重要的用途。SQL 的查詢敘述並不只是將資料列出來給使用者看而已，輔以各種條件式，我們可以挑選出符合需求的記錄，再使用 SQL 提供的函數，我們可以對記錄的內容進行運算，或是依運算的結果來挑選記錄。

查詢資料是以 SELECT 敘述來完成的，基本結構如下：

```
SELECT 欄位或運算式
FROM 資料來源
WHERE 條件判斷式
ORDER BY 排序的依據
```

其中，FROM、WHERE、ORDER BY 等都是可以省略的，為什麼 FROM 這麼重要的關鍵字可以省略呢？當 SELECT 直接接上運算式，且運算式的內容與關聯表無關，那麼自然不需要使用 FROM 來指定資料來源，而是會直接處理運算式並顯示運算結果，運算式可以是我們一般認知上的函數，也可以只是一個值，例如：SELECT 8。

基本的用法在前面的章節都已經使用過，我們先在此介紹 SELECT INTO，這個敘述可以用來產生新的關聯表：

```
CREATE TABLE 查詢示範一 (A int PRIMARY
KEY, B int)
INSERT 查詢示範一 VALUES (1, 1), (2, 2),
(3, 3), (4, 4)
SELECT * INTO 查詢示範二 FROM 查詢示範一
SELECT * FROM 查詢示範二
```

1. 建立、新增、查詢

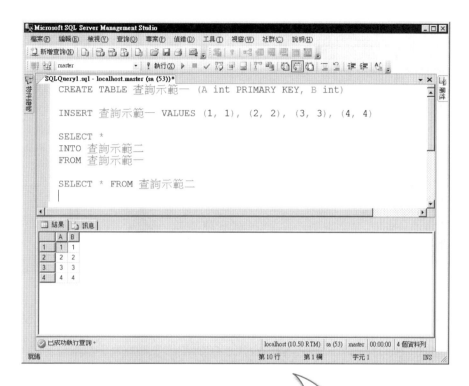

在這個範例中

(1) 我們建立了「查詢示範一」資料表，並且使用 INSERT 敘述插入 4 筆記錄。

(2) 然後我們使用了 SELECT INTO 敘述，將「查詢示範一」的資料挑選出來，並且建立至「查詢示範二」關聯表中。

(3) 最後一行的 SELECT 敘述所執行的結果可以明顯看出來，「查詢示範一」與「查詢示範二」具有相同的資料。

圖解資料庫

此時我們進行一些變化如下：

2. 加入判斷式的查詢

```
SELECT  *
INTO  查詢示範三
FROM  查詢示範一
WHERE  A>=3


SELECT  *  FROM  查詢示範三
```

由上面的視窗可以看出來，「查詢示範三」的資料只包含了「A >＝3」的兩筆記錄而已。

再來看另一個變化：

3. 利用 0 =1 來製造不可能成立的情形

```
SELECT  *
INTO  查詢示範四
FROM  查詢示範一
WHERE  0=1


SELECT  *  FROM  查詢示範四
```

Microsoft SQL Server Management Studio

檔案(F) 編輯(E) 檢視(V) 查詢(Q) 專案(P) 偵錯(D) 工具(T) 視窗(W) 社群(C) 說明(H)

新增查詢(N)

master   ! 執行(X)   以文字顯示結果

SQLQuery1.sql - localhost.master (sa (53))*

```
SELECT  *
INTO  查詢示範四
FROM  查詢示範一
WHERE  0=1

SELECT  *  FROM  查詢示範四
```

結果   訊息

A B

已成功執行查詢。   localhost (10.50 RTM) sa (53) master 00:00:00 0 個資料列

就緒   第 6 行   第 25 欄   字元 20   INS

4.「查詢示範四」的設計視窗

「查詢示範四」將會是一個空的關聯表，因為我們在 SELECT 敘述中，加入了 WHERE 0=1 的條件，因為對每一筆記錄來說，0 都不會等於 1，所以沒有一筆記錄是符合要求的，也因此，最後只有「查詢示範一」關聯表的結構被複製到「查詢示範四」去。

要特別注意的是，用這種方法並不能複製主索引鍵等屬性，我們開啟「查詢示範四」的設計視窗如下：

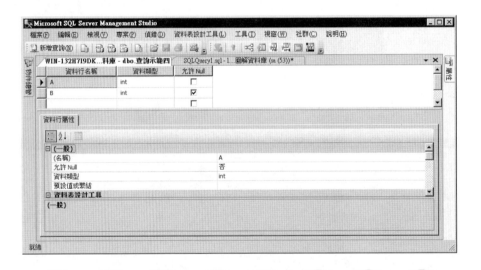

由上面的視窗會發現雖然「查詢示範四」的欄位 A 是不允許 NULL 的，但是卻不是一個主索引鍵，而它複製的來源，「查詢示範一」，它的欄位 A 是一個主索引鍵。

5. 「查詢示範一」的設計視窗

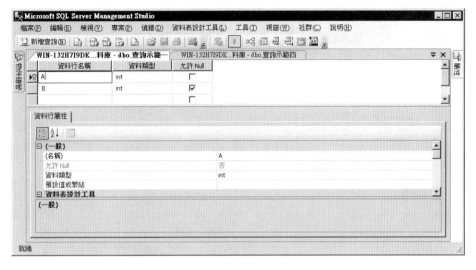

這是因為主索引鍵是一個限制，而限制是需要另外建立的。

6. ORDER BY 的示範

ORDER BY 是用來完成排序的功能，可以使用欄位名稱或是運算式。
ORDER BY 所使用的欄位名稱不一定要出現在 SELECT 後方緊接的欄位
名稱。

在預設情況下，ORDER BY 是採用升冪排序，也就是由小而大的排
序，這種排序方式的關鍵字為 ASC，相對的降冪排序則是 DESC。

我們來看一個示範：

```
CREATE TABLE 查詢示範五 (A int, B nvar-
char(10))
INSERT 查詢示範五 VALUES (1, '一'), (2,
'依'), (3, '三'), (3, '參')
SELECT B FROM 查詢示範五 ORDER BY A
SELECT * FROM 查詢示範五 ORDER BY A DESC
SELECT * FROM 查詢示範五 ORDER BY B
```

　　我們在這個示範中，先建立了關聯表「查詢示範五」，再插入四筆
記錄，最後用三行 SELECT 敘述來做不同的排序。第一個 SELECT 敘
述示範了 ORDER BY 所採用排序的依據欄位，可以不在 SELECT 後的
欄位列表中；第二個 SELECT 敘述示範了由大而小的降冪排序；第三個
SELECT 敘述則是示範了文字的排序，在預設情況下會以筆劃數來做為排
序依據。

7. DISTINCT 的示範

　　如果資料相同時，排序會發生什麼情形呢？我們先來解釋 SELECT 敘
述不使用 ORDER BY 的狀況。SELECT 敘述可以搭配 ALL、DISTINCT
關鍵字來決定要如何顯示重複的資料，ALL 表示即使要顯示的資訊是相

同的，也要列出來，DISTINCT 則是只顯示不同的資料，我們用「查詢示範五」來做一個簡單的示範：

```
SELECT A FROM 查詢示範五
SELECT ALL A FROM 查詢示範五
SELECT DISTINCT A FROM 查詢示範五
```

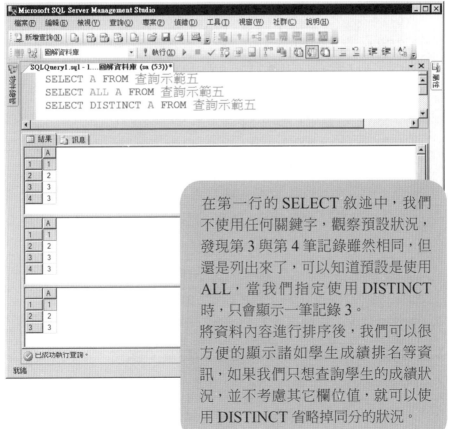

在第一行的 SELECT 敘述中，我們不使用任何關鍵字，觀察預設狀況，發現第 3 與第 4 筆記錄雖然相同，但還是列出來了，可以知道預設是使用 ALL，當我們指定使用 DISTINCT 時，只會顯示一筆記錄 3。

將資料內容進行排序後，我們可以很方便的顯示諸如學生成績排名等資訊，如果我們只想查詢學生的成績狀況，並不考慮其它欄位值，就可以使用 DISTINCT 省略掉同分的狀況。

8. TOP 的示範

在對學生成績排名時，如果我們只想顯示前幾名的學生資訊，可以使用 TOP 關鍵字，示範如下：

① 我們先建立新的關聯表「查詢示範六」，包含了一個學號欄位與一個成績欄位。

② 再來我們插入 10 筆記錄。

最後以 4 個 SELECT 敘述來示範 TOP 的用法。

```
CREATE TABLE 查詢示範六 (sid char(10),score
int)
INSERT 查詢示範六 VALUES ('B10213001',97),
      ('B10213002',78),('B10213003',68),
      ('B10213004',49),('B10213005',65),
      ('B10213006',72),('B10213007',88),
      ('B10213008',77),('B10213009',71),
      ('B10213010',78)
SELECT * FROM 查詢示範六
SELECT TOP 3 * FROM 查詢示範六
SELECT TOP 3 * FROM 查詢示範六 ORDER BY
score
SELECT TOP 40 PERCENT * FROM 查詢示範六
ORDER BY score
```

注意：

1 第一個 SELECT 敘述，我們採用預設值。

2 第二個 SELECT 敘述中，我們使用了 TOP 關鍵字，TOP 的後面接的是一個數值，表示要顯示的記錄數量。

另一種方法則是採用百分比，需要注意的是，這裡並不能使用 % 符號，而是要將百分比的英文全文，PERCENT，寫出來。

第二個 SELECT 敘述的運算結果只有三筆記錄，第三個 SELECT 敘述雖然也是三筆記錄，但是是以 score 做為排序的依據，第四個 SELECT 敘述要求顯示前 40% 的記錄，因為總記錄只有 10 筆，因此顯示了 score 由小到大排序的 4 筆記錄。

9. WITH TIES 的示範

遇到學生的分數相同的狀況時，又該如何處理？我們可以使用 ORDER BY 搭配 WITH TIES，如下列示範：

```
SELECT TOP 3 * FROM 查詢示範六 ORDER BY
score DESC
SELECT TOP 3 WITH TIES *
    FROM 查詢示範六
    ORDER BY score DESC
```

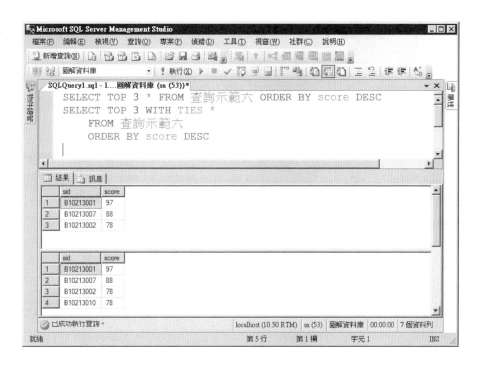

第一個 SELECT 敘述中，我們只使用了 TOP 關鍵字，此時顯示出來的記錄只有三筆，第三名的 B10213002 的分數為 78 分，此時我們發現，獲得 78 分的人數有兩人，但是這個 SELECT 敘述的結果只有顯示 B10213002。

第二行的 SELECT 敘述中，我們加入了 WITH TIES，運算的結果顯示了兩筆 78 分的記錄，分別是 B10213002 與 B10213010。

從這個示範就可以知道，WITH TIES 的用意即是將平分的記錄一併列出。

Unit 6-2
運算子

SQL Server 中可使用的運算子很多，我們一個一個來介紹。

一、四則運算

　　加法、減法、乘法與除法的運算子是 +、-、*、/。這些運算子在處理不同的資料型態上有不同的做法，處理與回傳的資料型別將會依資料類型優先順序來進行處理，也就是說，若是一個 float 型別的數值與一個 int 型別的數值進行加法運算，會以 float 為主，計算的結果也會是 float。優先順序列表如右表所示。

◎ **示範日期的加減如下：**

204

```
SELECT  CONVERT(datetime,  '2012-5-3')+2
AS  日期加法
SELECT  CONVERT(datetime,  '2012-5-3')-2
AS  日期減法
```

◎ **日期加減法運算示範**

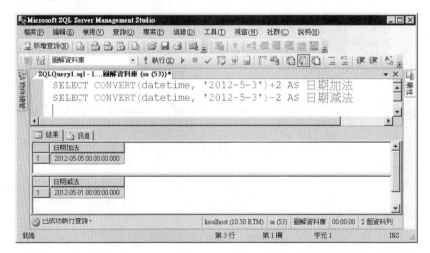

運算子優先順序

優先順序高

使用者自訂資料類型
sql_varian t
xml
datetimeoffset
datetime2
datetime
smalldatetime
date
time
float
real
decimal
money
smallmoney
bigint
int
smallint
tinyint
bit
ntext
text
image
timestamp
uniqueidentifier
nvarchar 、 nvarchar(max)
nchar
varchar 、 varchar(max))
char
varbinary 、包括 varbinary(max)
binary

優先順序低

若是直接使用

$$\text{SELECT ' 2012-5-3 '+2}$$

會出現錯誤訊息，因為 SQL Server 會將 '2012-5-3' 視為字串，而字串
與 int 在進行運算時，因為 int 的優先權大於 varchar 型態，所以會嘗試
將 varchar 轉換為 int 再進行處理，而 '2012-5-3' 這樣的字串是無法轉換
為 int 的，所以會發生錯誤。若是轉型為 datetime 型別就沒有問題了，
CONVERT 函數的使用請見下一個章節。

二、\ 反斜線

反斜線的用途在於將運算式分成多行，所以可以將SQL敘述寫成這樣：

◎ 反斜線可用來將敘述拆為多行

206

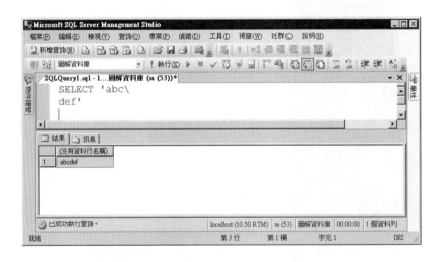

三、% 取餘數與萬用字元

百分比符號在 SQL 中有兩種意義，一種是作為取餘數的運算子，
10%3=1，另一種則是用在字串處理時，可以當成不限長度的萬用字元。我
們在後面與其它的萬用字元一併說明。

四、&、|、^ 與 ~ 位元 AND、位元 OR、位元 XOR 與位元 NOT

這些是屬於位元運算子的符號，我們直接示範如下：

```
SELECT 9&8, 9|8, 9^8, ~9
```

◎ 位元運算示範

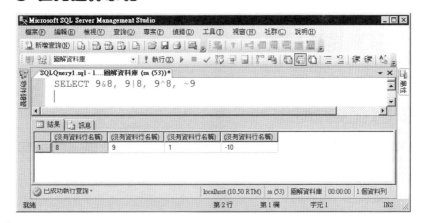

9 換算為 2 進制是 1001_2，而 8 換算為 2 進制是 1000_2，兩者進行 AND 運算的結果是 1000_2，再轉回 10 進制就是 8_{10}。1001_2 與 1000_2 進行 OR 運算的結果是 1001_2，換算回 10 進制即為 9_{10}。1001_2 與 1000_2 進行 XOR 運算的結果是 0001_2，換算後即為 1_{10}。

1001_2 進行 NOT 運算後，是 0110_2，看起來應該是 6，但是因為代表正負號的位元也因 NOT 運算而由 0 變 1，所以答案是 10110_2，最前面的 1 表示了 −16，所以答案是 −16 + 6 = −10。

五、=、>、<、>=、<=、<> 等於、大於、小於、大於或等於、小於或等於、不等於

除了不等於以外，這幾個邏輯運算子的用法跟數學上的用法差不多，所以比較需要特別去記住的就是 SQL 的「不等於」是「＜＞」。

六、!<、!=、!> 不小於、不等於、不大於

另一種不等於的寫法是「！＝」，熟悉 C 語言的使用者應該不陌生，驚嘆號是否定的意思，所以「！＜」很自然的就是不小於的意思了，也就是「＞＝」。

我們來看一個例子：

```
SELECT 1 WHERE 9!=8
SELECT 2 WHERE 9<>8
SELECT 3 WHERE 9!<8
SELECT 4 WHERE 9=8
SELECT 5 WHERE 9>=8
```

◎ 邏輯運算子示範

這五個敘述的意思都是「如果 WHERE 後的邏輯判斷式成立，就處理 SELECT 後的數字」，我們看到了查詢結果中有一個是空的，是因為「9 = 8」是一個結果為「FALSE」的邏輯判斷，所以 SELECT 後的 4 就

不會被處理了，而其它四個敘述都得到了結果，表示這些邏輯判斷的結果
為「TRUE」。

七、--、/* */ 註解

單一行的 SQL 敘述可以在開頭使用兩個減號使之變成註解，若是有
一大段要變成註解，則可以使用與 C 語言相同的 /* 與 */。在我們使用的
SMSS 工具中，我們可以利用按鈕來將選取的敘述變成註解：

左邊的按鈕可以將選取的敘述變成註解，而右邊的按鈕則是將註解的
標記取消。

八、%、[ ]、[^]、_ 萬用字元

百分比符號是不限長度的萬用字元，底線符號是只限一個長度的萬用
字元，中括弧中可以指定一個範圍或是集合，而 ^ 在中括弧中是表示「不要」
的意思。

我們來看看幾個例子會比較清楚：

```
CREATE TABLE #萬用字元範例一 (A var-
char(50))
INSERT #萬用字元範例一 VALUES ('John'),
('Jason'), ('Mike'), ('Mick'), ('Sabri-
na'), ('Yvone')
SELECT * FROM #萬用字元範例一 WHERE
A='Mick'
SELECT * FROM #萬用字元範例一 WHERE A LIKE
'M%'
```

◎ 字串與萬用字元示範

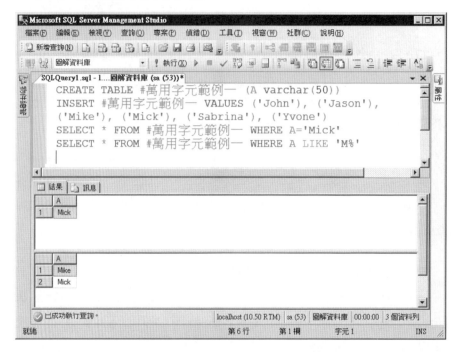

　　我們首先建立了一個暫存資料表「# 萬用字元範例一」，然後插入六個英文名字作為字串內容，接著我們搜尋 A 的內容為「Mick」的記錄，再來則是使用 A LIKE 'M%' 來作為 SELECT 查詢的條件。

注　意

　　LIKE 關鍵字是用在「樣式」上，也可以用在一般的字串上。如果使用了萬用字元但是沒有使用 LIKE，那麼萬用字元會被解讀成一般字元，而不是一種樣式，在這個例子中，「M%」表示以 M 為開頭，後面是一個萬用字元，因為 Mike 與 Mick 都符合了「M 開頭的字串」規則，所以被挑出來作為查詢的結果。如果使用者在這裡使用了 WHERE A='M%'，而不是 A LIKE 'M%'，則 SQL 將會去尋找欄位 A 的內容為「M%」的記錄。

再來看第二個例子：

```
SELECT * FROM #萬用字元範例一 WHERE A LIKE
'[r-x]%'
SELECT * FROM #萬用字元範例一 WHERE A LIKE
'Mi[^c]%'
SELECT * FROM #萬用字元範例一 WHERE A LIKE
'%on[abcde]%'
SELECT * FROM #萬用字元範例一 WHERE A LIKE
'J%o%n'
SELECT * FROM #萬用字元範例一 WHERE A LIKE
'_vone'
```

◎ 各式萬用字元運算示範

図解資料庫

212

- 第一行的 SELECT 敘述中,我們的條件是 [r-x]%,也就是開頭的字元必須在英文字母的 r 到 x 之間,後續的字元則是不限制長度的任何字串,因此得到的結果是 Sabrina。

- 第二行的條件是 Mi[%C]%,也就是開頭必須是「Mi」,第三個字元不可以是 c,第四個之後可以是任意字串,所以結果是 Mike。

- 第三個 SELECT 敘述的條件是 %on[abcde]%,開頭與結尾都是任意字串,中間一定要有 on,而且 on 的下一個字元必須是 abcde 的其中一個,符合條件的只有 Yvone 一個。

- 第四個 SELECT 敘述則是將 % 放到中間來使用,一定要是 J 開頭,兩個任意字串的中間一定要有一個 o,而且結尾要是 n,John 與 Jason 都符合條件。

- 第五行則是使用長度為單一字元的萬用字元,開頭可以是任意字元,但後續必須是 vone,符合條件者只有「yvone」一個。

九、AND、OR 與 NOT 邏輯 AND 與邏輯 OR 與邏輯 NOT

在進行邏輯運算時,可以使用 AND、OR 與 NOT 三種運算子。我們來看一個例子:

```
SELECT 1 WHERE 1=1 AND 1=0
SELECT 2 WHERE 1=1 OR 1=0
SELECT 3 WHERE NOT 1=0
```

◎ 邏輯 AND、OR 與 NOT 運算示範

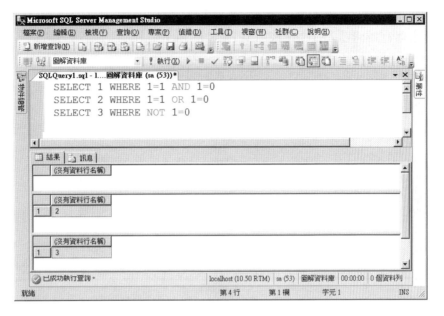

 注 意

- 第一行的 SELECT 所使用的邏輯判斷是 1 = 1 與 1 = 0 必須同時成立,因為這是不可能的,所以查詢的結果為空,什麼也沒有。

- 第二行的敘述中,因為 1 = 1 是成立的,雖然 1 = 0 不成立,但因為 OR 運算,所以結果還是成立。

- 第三行的敘述中,我們使用了 NOT,1 = 0 的運算結果是 FALSE,加了 NOT 之後變成 TRUE,也就是成立,所以 SELECT 會處理 3 的部份。

十、IN、BETWEEN 指定範圍

如果現在有一個範圍，我們可以利用 BETWEEN 或是 IN 來判斷某個值是否落在這個區間之中。BETWEEN 的用法是

> BETWEEN 起始範圍 AND 結束範圍

而 IN 的用法是

> IN (項目一 , 項目二 , …)

我們來看一個示範：

214

```
SELECT 1 WHERE 5 BETWEEN 1 AND 10
SELECT 2 WHERE 5 NOT BETWEEN 1 AND 4
SELECT 3 WHERE 5 IN (1, 2, 3, 4, 5)
SELECT 4 WHERE 5 NOT IN (1, 2, 3)
```

知識補充站

如果現在我們已經有了一個區間、範圍，我們想知道一筆資料是否落在這個範圍之間，或是「不」在這個範圍內，該如何處理呢？

如果這個範圍是可以列舉出來的，也就是一群已知的項目，那我們想知道某一筆資料是否等於這一群已知項目的其中一個，又該如何處理呢？

第一個狀況我們可以用 BETWEEN，第二個可以用 IN。

◎ BETWEEN 與 IN 的示範

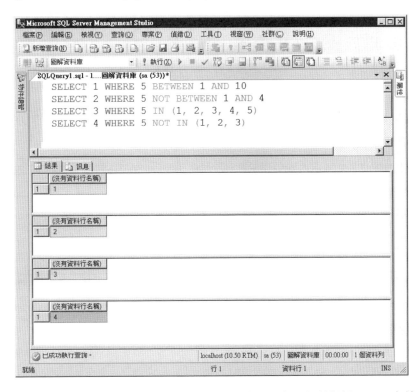

從這個示範中可以看到，BETWEEN 與 IN 都可以搭配 NOT 來使用。

十一、ALL、ANY、SOME 集合操作

如果現在要進行判斷的東西，可以視為兩個集合，那我們可以用 ANY 與 ALL 來做調整。

SOME 與 ANY 的效果是相同的，ALL 表示所有的集合元素都要符合，ANY 則是只要有一個元素可以符合判斷式就回傳成立。

我們來看一個示範：

```
SELECT * FROM 查詢示範一
SELECT 'OK' WHERE 2 > ANY(SELECT B FROM
查詢示範一)
SELECT 'OK' WHERE 2 > SOME(SELECT B FROM
查詢示範一)
SELECT 'OK' WHERE 2 > ALL(SELECT B FROM
查詢示範一)
SELECT 'OK' WHERE 5 > ALL(SELECT B FROM
查詢示範一)
```

　　我們在這裡將 SELECT 敘述放在一組括弧中，這種做法稱為子查詢，在後續章節會有更詳細的解釋。

　　　　我們在這裡可以知道，「SELECT B FROM 查詢示範一」的結果是欄位 B 的內容，也就是 1、2、3、4，因為 2 大於 1，滿足了 ANY 的條件，所以成立。

　　　　在示範中也可以看出來，SOME 與 ANY 的效果相同；我們在第四個 SELECT 敘述中，邏輯判斷式的內容為「2 大於所有的子查詢內容」，很明顯的，這並不成立，所以回傳值為 FALSE；最後一個 SELECT 敘述中，因為 5 大於所有的欄位 B 的值，所以是成立的。

◎ 集合操作示範

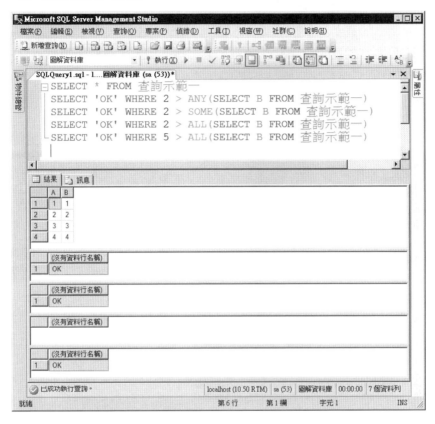

知識補充站

　　這些集合的操作雖然方便，但是在效能上是比較差一些的，因為 SQL Server 需要先將子查詢的資訊全部保留，再進行判斷。如果可以，應該盡量使用邏輯判斷，這樣速度會比較快喔。

　　例如：我們想知道 2 這個值，是不是大於至少一個 B 資料表的值，那麼換個想法，也就是判斷 2 是否大於 B 資料表的最小值，如果 B 資料表的最小值都已經比 2 還大了，那當然就不成立囉。

Unit 6-3
函數的使用

SQL 語言內建了許多數學函數、型態轉換函數、日期函數與字串函數等，我們在這裡示範一些較為常用的函數。

常用數學函數

- ✓ **ROUND**（數值，四捨五入後的小數有效位數）
- ✓ **CEILING**（數值）
- ✓ **FLOOR**（數值）
- ✓ **SQRT**（數值）
- ✓ **RAND**（種子）
- ✓ **POWER**（數值，冪次）
- ✓ 三角函數
- ✓ 對數

前面四個數學函數的意義分別是四捨五入、天花板函數、地板函數與根號。天花板函數的意思是，給定一個數值 X，在大於等於 X 的整數中，找出最小值；地板函數則是顛倒過來，在所有小於等於 X 的整數中，找出最大值；SQRT 函數就是將給定的數值開根號。

```
SELECT ROUND(5.44, 0), ROUND(5.44, 1),
ROUND(5.44, 2)
SELECT ROUND(5.55, 0), ROUND(5.55, 1),
ROUND(5.55, 2)
SELECT CEILING(5.44), CEILING(5.55),
CEILING(5.555)
```

◎ ROUND ( ) 與 CEILING ( ) 運算示範

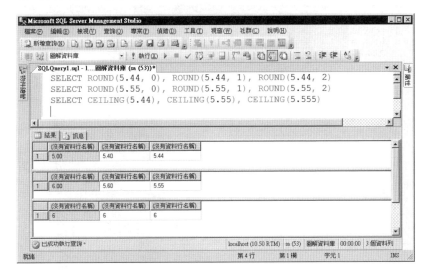

ROUND 函數的第二個參數決定了四捨五入之後，小數點後要保留的位數，因此對於 5.44，若是第二個參數為 0，則小數點後就不保留了，若是為 1，則以小數點後第 2 位進行四捨五入的計算。

CEILING 函數的結果是一個整數，所以 5.44、5.55、5.555 在運算後的結果都是 6。

```
SELECT FLOOR(5.44), FLOOR(5.55),
FLOOR(5.555)
SELECT SQRT(16), SQRT(2)
```

◎ FLOOR( ) 與 SQRT( ) 運算示範

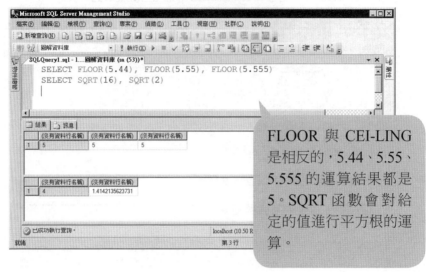

FLOOR 與 CEI-LING 是相反的，5.44、5.55、5.555 的運算結果都是 5。SQRT 函數會對給定的值進行平方根的運算。

220

```
SELECT  RAND(1)  AS  RAND_1,  RAND()  AS
RAND_2
SELECT  RAND(1)  AS  RAND_3,  RAND()  AS
RAND_4
```

◎ 隨機亂數示範

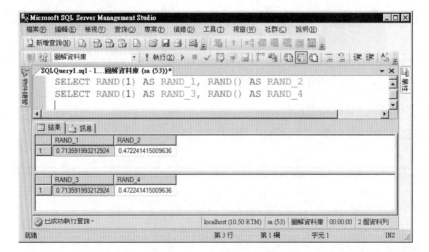

RAND( ) 會依照給定的種子值來產生介於 0 與 1 之間的亂數，亂數種子的影響範圍是從第一次使用以後就生效，後續的 RAND() 會因為前面的種子而受到約束，所以這兩行 SELECT 敘述會產生一樣的結果，若是不指定亂數種子，SQL Server 就會自動產生種子，產生真正的亂數：

◎ 亂數種子影響了亂數的產生

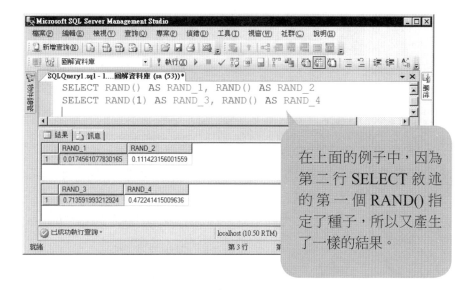

在上面的例子中，因為第二行 SELECT 敘述的第一個 RAND() 指定了種子，所以又產生了一樣的結果。

```
SELECT POWER(1.6, 2), POWER(1.60, 2),
POWER(1.600, 2)
SELECT POWER(1.6, 1.9), POWER(1.60,
1.9),
      POWER(1.600, 1.9)
```

◎ POWER ( ) 運算示範

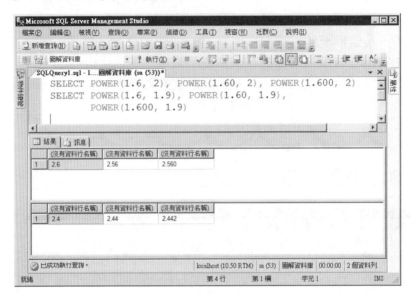

POWER( ) 可以用來產生冪次結果，因為處理的時候是將第一個參數視為 float，所以在運算時要注意 float 的大小限制；當第一個參數的精確度到小數點後一位時，運算的結果也只有到小數點後一位，若要增加精確度，可以在第一個參數的後面補上多個 0。

再來我們來看 SQL 語言中，三角函數的使用方法。在使用三角函數時，需要先注意弧度與角度的問題，我們將一個圓的弧度定義為 2π，角度是 360 度，弧度與角度的換算是

$$\pi \times 角度 = 180 \times 弧度$$

要注意的是，SQL 中的三角函數都是以弧度為單位。

```
SELECT DEGREES( PI() ), RADIANS( 180.0 )
SELECT SIN(90.0)
SELECT SIN(RADIANS(90.0)),
COS(RADIANS(0.0))
SELECT TAN(RADIANS(45.0)),
COT(RADIANS(45.0))
```

◎ 三角函數運算示範

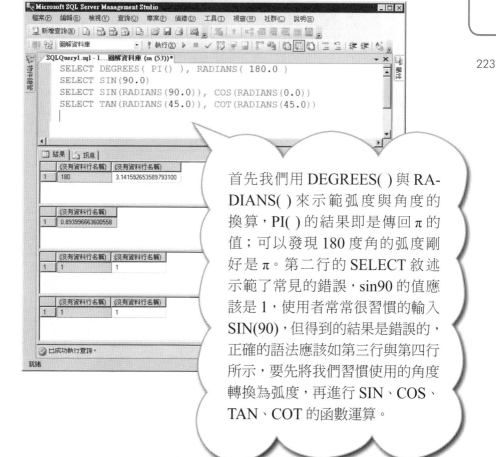

首先我們用 DEGREES( ) 與 RA-DIANS( ) 來示範弧度與角度的換算，PI( ) 的結果即是傳回 π 的值；可以發現 180 度角的弧度剛好是 π。第二行的 SELECT 敘述示範了常見的錯誤，sin90 的值應該是 1，使用者常常很習慣的輸入 SIN(90)，但得到的結果是錯誤的，正確的語法應該如第三行與第四行所示，要先將我們習慣使用的角度轉換為弧度，再進行 SIN、COS、TAN、COT 的函數運算。

接著我們來看 SQL 中的對數處理：

```
SELECT log(100), log10(100)
SELECT log(EXP(1.0)), log10(EXP(1.0))
SELECT log(1024)/log(2)  AS 換底
```

◎ **對數運算示範**

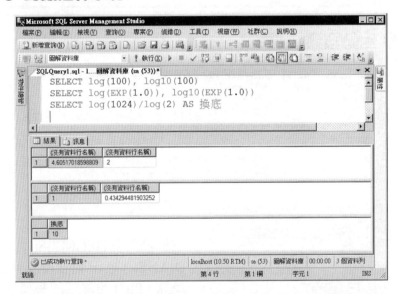

SQL 語言中，log 函數的預設型式是自然對數，若要使用以 10 為底的對數，需改用 log10；EXP( ) 是求出自然對數的冪次，若是參數為 1，則回傳自然對數 e；所以在第一行可以看到兩種 log 對於不同的參數所得到的值為何。若是要使用其它的對數基底，必須使用換底公式，也就是：

$$\log_a b = \frac{\log_c b}{\log_c a}$$

例如：

$$\log_2 1024 = \frac{\log_\beta 1024}{\log_\beta 2} = 10$$

有時候我們必須使用資料型別轉換函數，來將某個值轉換為必要的資料型別以進行後續的運算，常用的資料型別轉換函數有 CAST 與 CONVERT：

✓ CAST (某個值 AS 某個資料形態)
▶ 　　　CONVERT(某個資料形態 , 某個值)

首先來看 CAST 函數的使用：

```
SELECT CAST(1.234 AS int), CAST(0 AS
datetime),
        CAST(1.2345678901234567890 AS
float),
        CAST(1.234 AS decimal(3,2))
```

◎ 以 CAST ( ) 進行轉型

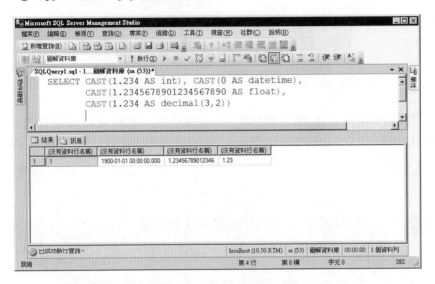

CAST 函數中有一個關鍵字 AS，是不能省略的，這個函數會將給定的值轉換為給定的資料型別，在範例中可以看到，CAST(0 AS datetime) 的結果是 1900-01-01 00:00:00.000，這是因為對時間型別 datetime 而言，給定的數值表示了從 1900 年 1 月 1 日 0 時 0 分 0 秒開始的天數。從這個示範中也可以發現，float 型別對於長度超過上限的值會以四捨五入的方式儲存。

也可以使用 CONVERT 函數來完成這個範例：

```
SELECT CONVERT(int, 1.234),
       CONVERT(datetime, 0),
       CONVERT(float,
  1.2345678901234567890),
       CONVERT(decimal(3,2), 1.234)
```

◎ 以 CONVERT ( ) 進行轉型

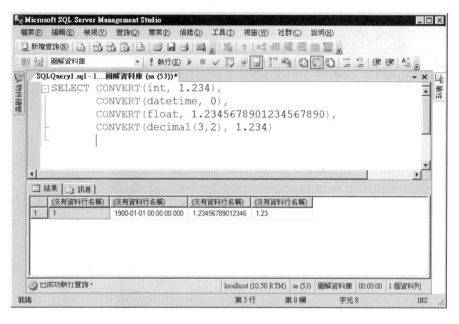

可以發現利用 CONVERT 進行轉換後的結果與 CAST 是相同的。

上面的示範提到了日期型別的轉換,對 datetime 而言,給定的數值代表了天數,我們以下面的示範為例:

```
SELECT CAST(1 AS datetime),
       CAST(1.1 AS datetime),
       CAST(1.12 AS datetime),
       CAST(1.123 AS datetime)
```

◎ 將數值轉換為日期

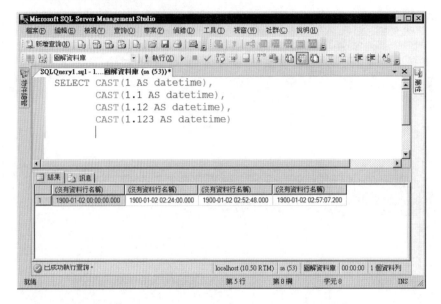

給定的值為 1 時，表示與 1900 年 1 月 1 日的距離是 1 天，因此得到的結果是 19- 年 1 月 2 日；當我們給定的值是浮點數時，例如第二行的 1.1，因為 1 天是 24 個小時，所以 0.1 換算為 2.4 個小時，每個小時有 60 分鐘，所以 2.4 個小時的 0.4 小時部份轉換為分鐘即為 24 分鐘 (0.4?60)，CAST(1.1 AS datetime) 運算的結果就是 1 天又 2 個小時又 24 分鐘，也就是 1900 年 1 月 2 日 2 點 24 分。

依這樣的方式繼續計算，CAST(1.12 AS datetime) 的結果就是 1.12 天，0.12 天換算為 2.88 個小時，0.88 個小時換算為 52.8 分鐘 (0.88?60)，0.8 分鐘換算為 48 秒 (0.8?60)，因此得到的結果是 1900 年 1 月 2 日 2 時 52 分 48 秒。

常用日期函數

- ✓ **GETDATE** ( )
- ✓ **DATENAME** (日期格式引數，日期)
- ✓ **DATEPART** (日期格式引數，日期)
- ✓ **DATEADD** (日期格式引數，數值，日期)
- ✓ **DATEDIFF** (日期格式引數，起始日期，結束日期)

GETDATE() 用來取得目前的時間，DATEPART() 是把給定的日期的某些部份取出，而 DATEADD() 與 DATEDIFF() 是對日期進行加減運算；在 DATEPART()、DATEADD() 與 DATEDIFF() 中，都需要指定日期格式引數，參見下表

◎ **日期格式引數表**

引數	引數縮寫	意義
year	yy, yyyy	年
quarter	qq, q	季
month	mm, m	月
dayofyear	dy, y	一年中的那一天 (適用於DATEDIFF())
day	dd, d	天
week	wk, ww	一年的第幾週
weekday	dw, w	一週中的天數 (適用於DATEADD())

引數	引數縮寫	意義
hour	hh	小時
minute	mi, n	分
second	ss, s	秒
millisecond	ms	十萬分之一秒(10^{-6})
microsecond	mcs	百分之一秒(10^{-3})
nanosecond	ns	奈秒(10^{-9})

我們來看一些例子：

圖解資料庫

```
SELECT GETDATE() AS now
SELECT DATEADD(month, 1, '2012-1-31') AS
month1
SELECT DATEADD(month, 1, '2012-1-29') AS
month2
SELECT DATEADD(day, 1, '2012-1-1') AS
day
SELECT DATEADD(hour,1,'2012-1-1
00:00:00.000') AS hour
SELECT DATEADD(minute,1,'2012-1-1
00:00:00.000') AS minute
SELECT DATEADD(second,1,'2012-1-1
00:00:00.000') AS second
```

◎ DATEADD（）運算示範

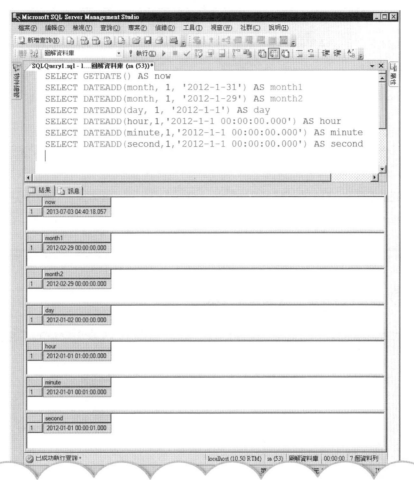

GETDATE( ) 可以得出目前的時間，第二行 SELECT 敘述中，日期以單引號包起來並指定日期格式引數為 month 後，得到的結果就是 2000 年 1 月 31 日加上 1 個月，因為 2 月沒有 31 天，所以得到的結果是 2 月的最後一天，也就是 2 月 29 日。這個結果跟第二個 DATEADD( ) 示範的結果是相同的，1 月 29 日再加 1 個月得到的也是 2 月 29 日；也就是說，在做「加 1 個月」的動作時，必須考慮到日的部份；第三個 SELECT 敘述示範了增加 1 天的用法。再來我們指定的日期格式引數分別是 hour、minute 與 second，可以看到增加 1 小時、1 分鐘與 1 秒的效果。

我們再來看日期的差異如何計算：

```
SELECT DATEDIFF(month,'2000-2-1', '2000-1-31')
SELECT DATEDIFF(month,'2000-1-31', '2000-2-1')
SELECT DATEDIFF(day,'2000-2-1', '2000-1-31')
SELECT DATEDIFF(day,'2000-1-31', '2000-2-1')
```

◎ DATEDIFF ( ) 運算示範

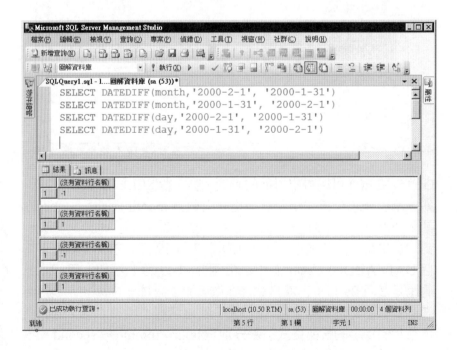

DATEDIFF( ) 需要三個參數，第一個是日期格式，第二個是開始時間，第三個是結束時間，第一個與第三個 SELECT 敘述所得到的結果都是負數，也就是結束時間比開始時間要來的早。

DATENAME( ) 可以幫助我們取得日期的「名稱」：

```
SELECT  DATENAME(year,'2012-1-1
00:00:00.000') AS year
SELECT  DATENAME(month,'2012-1-1
00:00:00.000') AS month
SELECT  DATENAME(day,'2012-1-1
00:00:00.000') AS day
SELECT  DATENAME(dayofyear,'2012-5-1
00:00:00.000')
    AS dayofyear
SELECT  DATENAME(week,'2012-1-1
00:00:00.000') AS week
SELECT  DATENAME(weekday,'2012-1-1
00:00:00.000')
    AS weekday
```

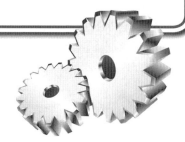

◎ DATENAME() 運算示範

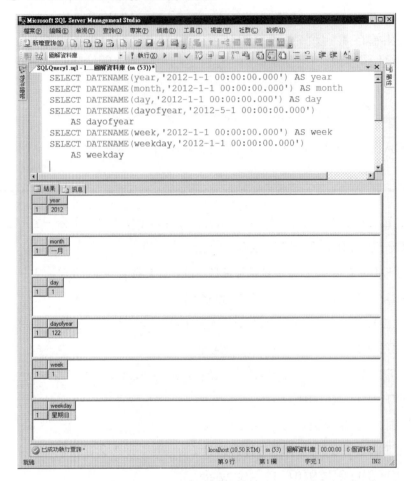

因為語系的關係，在月的部份，DATENAME( ) 會回傳「一月」，而且在指定 weekday 的時候，會回傳「星期日」，若是希望得到的執行結果是個數值以便後續處理，可以改用 DATEPART( ) 函數來完成。當日期格式引數為 dayofyear，運算後的結果是「一年當中的第幾天」，SQL Server 會自動考慮閏年等因素。

通常我們取得的日期資訊都是完整的日期，如果只想要取出日期的某個部份，例如年份、月份，我們可以使用 DATEPART( ) 來完成：

```
SELECT  DATEPART(year,'2012-1-1
00:00:00.000') AS year
SELECT  DATEPART(month,'2012-1-1
00:00:00.000') AS month
SELECT  DATEPART(day,'2012-1-1
00:00:00.000') AS day
SELECT  DATEPART(dayofyear,'2012-5-1
00:00:00.000')
    AS dayofyear
SELECT  DATEPART(week,'2012-1-1
00:00:00.000') AS week
SELECT  DATEPART(weekday,'2012-1-1
00:00:00.000')
    AS weekday
```

◎ DATEPART ( ) 運算示範

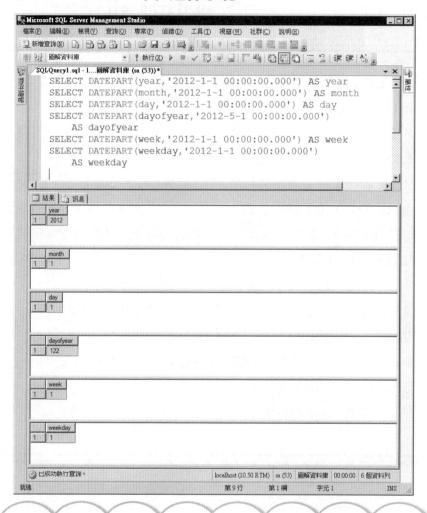

從這個例子可以看到，指定使用 weekday 時，若是 DATE-NAME( ) 將會回傳「星期日」，但是使用 DATEPART( ) 時，則是回傳 1。

　　因為取出日期的年、月與日是很常用的功能，所以我們可以使用 YEAR()、MONTH() 與 DAY() 來達成使用 DATENAME() 或是 DATEPART() 的效果，而且更為簡便：

236

圖解資料庫

```
SELECT YEAR('2012-1-1 00:00:00.000') AS
year
SELECT MONTH('2012-1-1 00:00:00.000') AS
month
SELECT DAY('2012-1-1 00:00:00.000') AS
day
```

◎ YEAR ( )、MONTH()與 DAY ( )的示範

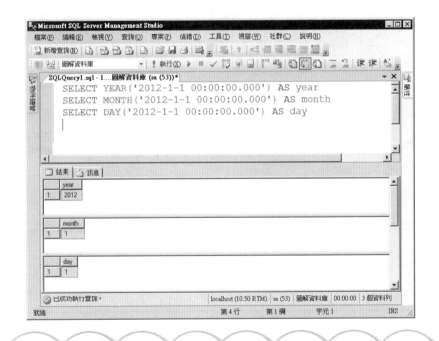

YEAR( )、MONTH( ) 與 DAY( ) 的功能相當單純,就只是取出年、月與日而已。

字串處理函數

- ✅ **UPPER**（字串）
- ✅ **LOWER**（字串）
- ✅ **LEN**（字串）
- ✅ **LEFT**（字串，數量）
- ✅ **RIGHT**（字串，數量）
- ✅ **SUBSTRING**（字串，起始位置，長度）
- ✅ **LTRIM**（字串）
- ✅ **RTRIM**（字串）
- ✅ **REPLACE**（要被取代的目標字串，要尋找的字串，要取代的字串）
- ✅ **STR**（數值，總長度，小數位數）

字串函數種類繁多，我們一個一個示範，首先我們來看字串的加法運算：

```
SELECT 'ABCxyz'+'abcXYZ'
SELECT 'ABCxyz'+NULL
```

◎ 字串的相加

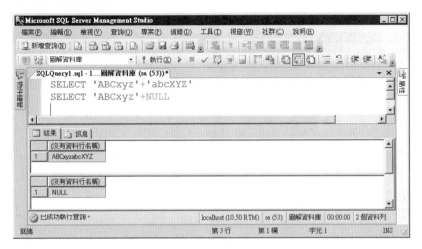

兩個字串相加的結果就是兩個字串合併，特別的地方在於，若是與 NULL 做加法運算，得到的結果還是 NULL。

我們來看字串函數的範例：

```
SELECT UPPER('ABCxyz') AS UPPER
SELECT LOWER('ABCxyz') AS LOWER
SELECT LEN('ABCxyz ') AS LEN
SELECT LEN(' ') AS LEN
SELECT LEN(NULL) AS LEN_NULL
SELECT LEFT('ABCxyz',1) AS LEFT_1
SELECT LEFT('ABCxyz',3) AS LEFT_3
SELECT LEFT('ABCxyz',5) AS LEFT_5
```

◎ UPPER()、LEN() 與 LEFT() 運算示範

240

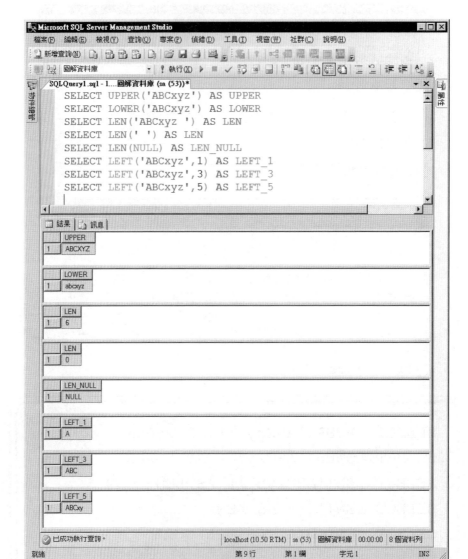

1 UPPER( ) 與 LOWER( ) 函數是將給定的字串進行大小寫的轉換。

2 LEN( ) 是計算給定字串的長度,但是若是字串的右邊為空白,這些空白不論有多少個,也不會列入長度的計算,所以當字串為空字串「'」時,長度為 0,若是「' '」,LEN( ) 所計算的結果依然是 0。

3 NULL 的長度並不是 0,它並不是一個空字串,計算的結果會是 NULL。

4 LEFT 函數可以用來取出從左邊算起的部份字串。

我們繼續看下一個示範:

```
SELECT RIGHT('ABCxyz',1) AS RIGHT_1
SELECT RIGHT('ABCxyz',3) AS RIGHT_3
SELECT RIGHT('ABCxyz',5) AS RIGHT_5
SELECT SUBSTRING('ABCxyz',0,1) AS SUB_01
SELECT SUBSTRING('ABCxyz',1,1) AS SUB_11
SELECT SUBSTRING('ABCxyz',1,2) AS SUB_12
SELECT SUBSTRING('ABCxyz',3,5) AS SUB_35
```

◎ RIGHT() 與 SUBSTRING() 運算示範

242

```
Microsoft SQL Server Management Studio
檔案(F)  編輯(E)  檢視(V)  查詢(Q)  專案(P)  偵錯(D)  工具(T)  視窗(W)  社群(C)  說明(H)
新增查詢(N)
圖解資料庫                    執行(X)

SQLQuery1.sql - 1....圖解資料庫 (sa (53))*
    SELECT RIGHT('ABCxyz',1) AS RIGHT_1
    SELECT RIGHT('ABCxyz',3) AS RIGHT_3
    SELECT RIGHT('ABCxyz',5) AS RIGHT_5
    SELECT SUBSTRING('ABCxyz',0,1) AS SUB_01
    SELECT SUBSTRING('ABCxyz',1,1) AS SUB_11
    SELECT SUBSTRING('ABCxyz',1,2) AS SUB_12
    SELECT SUBSTRING('ABCxyz',3,5) AS SUB_35
```

結果 | 訊息

	RIGHT_1
1	z

	RIGHT_3
1	xyz

	RIGHT_5
1	BCxyz

	SUB_01
1	

	SUB_11
1	A

	SUB_12
1	AB

	SUB_35
1	Cxyz

已成功執行查詢。　　　localhost (10.50 RTM) | sa (53) | 圖解資料庫 | 00:00:00 | 7 個資料列

就緒　　　　　　　　第 8 行　　　第 1 欄　　　字元 1　　　INS

由上面示範圖可知：

1. RIGHT( ) 的功能與 LEFT( ) 相反，是從右邊開始數。

2. SUBSTRING() 需要三個參數，第一個參數是要處理
的字串，第二個參數是開始的位置，要注意的是第三
個參數，並不是結束的位置，而是「長度」，這是不熟
悉 SUBSTRING( ) 的使用者常犯的錯誤。

(1) 第一個 SUBSTRING 敘述中，我們所下的指令意義
是「從第 0 個字元開始，往右取 1 個長度的字串」，
因為 SQL 與 C/C++ 等程式語言不同，字串的第一
個字元的索引位置並不是 0，所以這個敘述回傳的
結果是一個空字串。

(2) 第二個 SUBSTRING 敘述則是「從第 1 個字元開始，
往右取 1 個長度的字串」，因此回傳值只有字串的
開頭一個字元「A」。

(3) 第三個敘述則是取出長度為兩個字元的字串，第四
個敘述要求從第 3 個字元開始，取出長度為 5 的字
串，因為字串「ABCxyz」的長度不到 8，所以只會
回傳「Cxyz」。

```
SELECT 'X'+'   ABC   '+'X'
SELECT 'X'+LTRIM('   ABC   ')+'X'
SELECT 'X'+RTRIM('   ABC   ')+'X'
SELECT 'X'+LTRIM(RTRIM('   ABC   '))+'X'
```

◎ LTRIM() 與 RTRIM() 運算示範

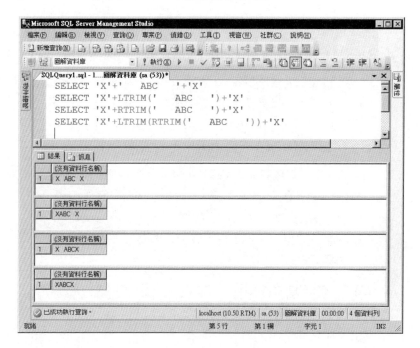

為了示範 LTRIM() 與 RTRIM() 的效果，我們首先設計三個字串相加，可以看出來兩個 X 與 ABC 之間是有空白字元的，在使用了 LTRIM() 之後，左邊的空白都被刪除了，而 RTRIM 則是用來刪除右邊的空白字元，若要刪除頭尾的空白字元，合併兩個函數一起使用即可完成。

```
SELECT  REPLACE('ABCDEFG','CDE','XY')  AS
REPLACE
SELECT STR(123.456789, 5, 4) AS STR1
SELECT STR(123.456789, 7, 3) AS STR2
```

◎ REPLACE() 與 STR() 轉型運算示範

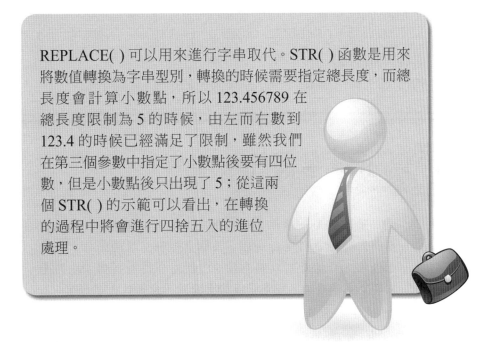

```sql
SELECT REPLACE('ABCDEFG','CDE','XY') AS REPLACE
SELECT STR(123.456789, 5, 4) AS STR1
SELECT STR(123.456789, 7, 3) AS STR2
```

REPLACE
1 ABXYFG

STR1
1 123.5

STR2
1 123.457

REPLACE( ) 可以用來進行字串取代。STR( ) 函數是用來將數值轉換為字串型別，轉換的時候需要指定總長度，而總長度會計算小數點，所以 123.456789 在總長度限制為 5 的時候，由左而右數到 123.4 的時候已經滿足了限制，雖然我們在第三個參數中指定了小數點後要有四位數，但是小數點後只出現了 5；從這兩個 STR( ) 的示範可以看出，在轉換的過程中將會進行四捨五入的進位處理。

Unit **6-4**
子查詢

　　我們在使用 SELECT 進行查詢時，可以將 SELECT 的運算結果視為一個暫存的表格，既然查詢的結果是一個表格，那我們當然可以從這個暫存表格中進行 SELECT 運算，這種查詢中的查詢，即稱為子查詢。

> 子查詢的敘述需要放在一組括弧之中，並使用 AS 來命名，要注意括弧的位置，初學的時候很容易發生少了右括弧的錯誤。

我們來看一個例子：

```
SELECT *, A+B AS C FROM 查詢示範一
SELECT C FROM
(SELECT *, A+B AS C FROM 查詢示範一) AS 暫
存表
SELECT 3+(SELECT TOP 1 B FROM 查詢示範一)
SELECT A,B FROM 查詢示範一
WHERE B > ANY(SELECT A FROM 查詢示範一)'
```

小博士解說

　　子查詢是一種很常用的技巧，在許多情況下，我們需要針對部份資料進行處理，而取出部份資料的動作，就是子查詢；好處是可以將多個 SQL 敘述合併為一個，缺點是有時太多子查詢，或是子查詢太複雜，會導致失誤發生。

◎ 子查詢運算示範

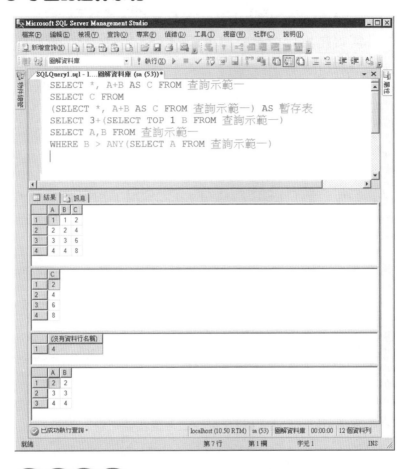

示範步驟

1. 首先我們將「查詢示範一」的內容列出來以便檢查。

2. 第二個 SELECT 敘述將「SELECT *, A+B AS C FROM 查詢示範一」的結果取了一個別名為「暫存表」，然後在「暫存表」中，將欄位 C 的值全部列出來。

3. 第三個 SELECT 敘述示範了如何直接利用子查詢來取得一個值，因為我們使用了 TOP1，所以這個子查詢的結

果將會只有一筆記錄，又因為我們只選擇了欄位 B，所以結果只會是一個值而已，整個 SELECT 敘述的計算可視為

SELECT 3+1

所以得到的結果是 4。

4 最後一個 SELECT 敘述中，我們使用了 ANY 運算子，「SELECT A FROM 查詢示範一」的結果是「查詢示範」資料表中欄位 A 的所有值，如果「查詢示範一」中的 B 欄位值大於任意一個 A 的值，邏輯判斷式即視為成立，欄位 B 只有一個值，1，沒有大於任何一個欄位 A 的值，所以查詢的結果是 2、3、4。

我們在這裡介紹另一個新的關鍵字 EXISTS，如果我們想知道一個值是否存在，我們可以透過 EXISTS 來完成，讓我們來看一個例子：

```
SELECT B FROM 查詢示範一
WHERE EXISTS (SELECT A FROM 查詢示範一
WHERE A>3)
SELECT B FROM 查詢示範一
WHERE EXISTS (SELECT A FROM 查詢示範一
WHERE A>5)
```

◎ 利用 EXIST 來判斷資料是否存在

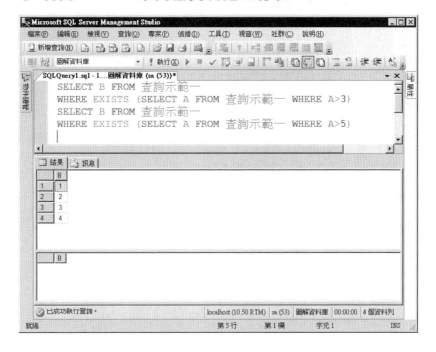

EXISTS 只會判斷後續的資料是否存在，因為存在 A>3 的值，所以第一個 SELECT 敘述會執行「**SELECT B FROM 查詢示範一**」的部份，也就是將全部的欄位 B 值列出來，相對的，第二個 SELECT 敘述中，因為並不存在任何 A>5 的資料，所以 EXISTS 的回傳值是 FALSE，也就是說，我們可以把第二個 SELECT 敘述看成：

```
SELECT B FROM 查詢示範一
WHERE FALSE
```

所以什麼結果都不會產生。

Unit **6-5**
集合的操作

　　經由 SQL 敘述所得到的查詢結果可以視為一種資料集合，既然是一種集合，那就可以進行聯集、交集與差集的運算。

- 交集可以合併顯示資料，交集是顯示兩個查詢結果中共同擁有的相同記錄。

- 差集則是顯示兩個集合不同的部份。

- 聯集的關鍵字是 UNION，交集是 INTERSECT，而差集則是 EXCEPT。

　　我們來看一個示範：

```
SELECT * FROM 查詢示範一
SELECT * FROM 查詢示範三
INSERT 查詢示範三 VALUES (5, 5),(6, 6)
SELECT * FROM 查詢示範一
SELECT * FROM 查詢示範三
```

◎ 先建立資料表並確認資料內容

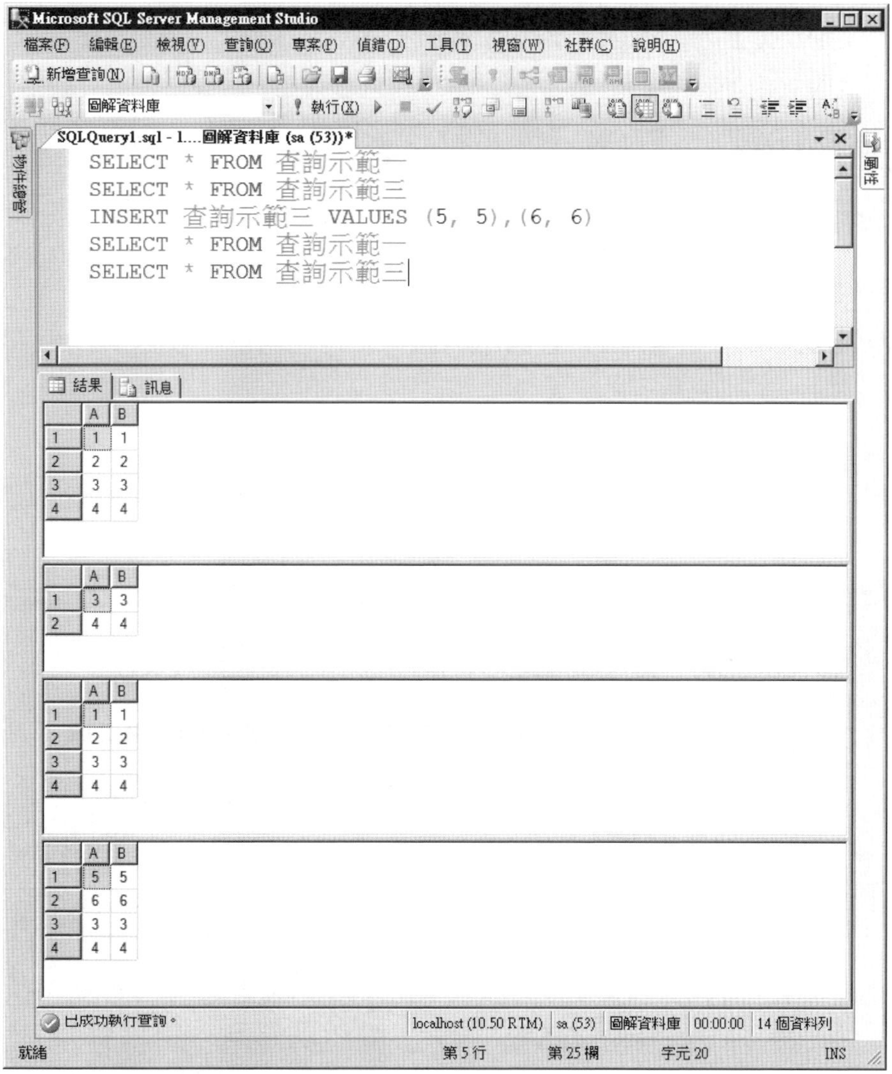

```
Microsoft SQL Server Management Studio                                    _ □ ×
檔案(F)  編輯(E)  檢視(V)  查詢(Q)  專案(P)  偵錯(D)  工具(T)  視窗(W)  社群(C)  說明(H)
新增查詢(N)
圖解資料庫              執行(X)
SQLQuery1.sql - 1....圖解資料庫 (sa (53))*
  SELECT  *  FROM  查詢示範一
  SELECT  *  FROM  查詢示範三
  INSERT  查詢示範三  VALUES  (5, 5),(6, 6)
  SELECT  *  FROM  查詢示範一
  SELECT  *  FROM  查詢示範三
```

結果 | 訊息

	A	B
1	1	1
2	2	2
3	3	3
4	4	4

	A	B
1	3	3
2	4	4

	A	B
1	1	1
2	2	2
3	3	3
4	4	4

	A	B
1	5	5
2	6	6
3	3	3
4	4	4

已成功執行查詢。   localhost (10.50 RTM) | sa (53) | 圖解資料庫 | 00:00:00 | 14 個資料列

就緒   第5行   第 25 欄   字元 20   INS

為了方便示範，我們新增兩筆記錄至「查詢示範三」，現在我們的「查詢示範一」與「查詢示範三」內容如圖所示。

現在我們可以開始示範集合的處理了：

```
SELECT * FROM 查詢示範一
UNION
SELECT * FROM 查詢示範三


SELECT * FROM 查詢示範一
INTERSECT
SELECT * FROM 查詢示範三


SELECT * FROM 查詢示範一
EXCEPT
SELECT * FROM 查詢示範三
```

◎ UNION、INTERSECT 與 EXCEPT 運算示範

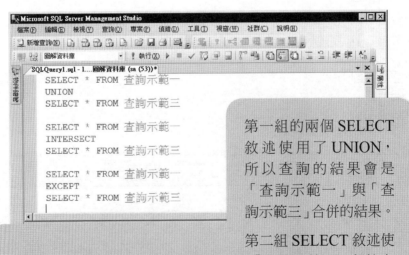

第一組的兩個 SELECT 敘述使用了 UNION，所以查詢的結果會是「查詢示範一」與「查詢示範三」合併的結果。

第二組 SELECT 敘述使用了 INTERSECT，「查詢示範一」與「查詢示範三」都擁有的記錄是 (3, 3) 與 (4, 4)，所以查詢的結果是這兩筆記錄。

再來是使用 EXCEPT 的結果，顯示了「查詢示範一」所包含的資料中，排除了「查詢示範三」也包含的記錄，所以只有 (5, 5) 與 (6, 6) 兩筆資料。

在實際的應用中，集合的查詢是很常見的，例如在兩個關聯表「演員」與「導演」中，我們利用 INTERSECT 就可以很快知道誰同時是演員與導演。若將演員的資料表對導演資料表進行 EXCEPT 運算，就可以知道哪些人只有演員身份而沒有導演身份。

我們發現，在進行「查詢示範一」與「查詢示範三」的 UNION 時，重複的資料是不會顯示出來的，此時可以加上 ALL，讓兩個資料表完整顯示它們的紀錄。

```
SELECT * FROM 查詢示範一
UNION ALL
SELECT * FROM 查詢示範三
```

◎ UNION ALL 運算示範

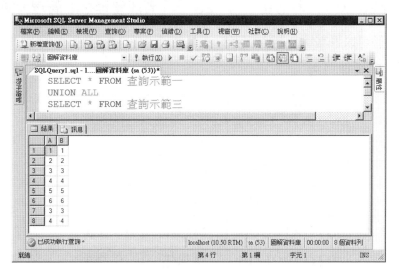

可以發現 (3, 3) 與 (4, 4) 重複顯示了兩次。

Unit **6-6**
多關聯表合併查詢結果

在 ER Model 的章節中，我們介紹了正規化的方法，正規化的運算會將資料表做必要的分割，分割之後的資料表會以欄位 (通常是外部鍵) 來做為彼此之間的關聯。雖然如果資料表之間並不具有外部鍵，我們還是可以進行多表格的合併查詢，但是在實際的應用中，應該避免這種情形。

在進行正規化時為什麼要分割資料表呢？主要是為了避免儲存重覆的資料，例如：

◎ 學生與科系資料表

學號	姓名	科系代碼	科系	位置
B10213001	林忠億	13	資訊工程系	資訊大樓1F
B10223002	林忠爾	23	資訊管理系	管理大樓6F
B10213003	林忠參	13	資訊工程系	資訊大樓1F
B10213004	林忠釋	13	資訊工程系	資訊大樓1F
B10223005	林忠伍	23	資訊管理系	管理大樓6F
B10223006	林忠留	23	資訊管理系	管理大樓6F

我們可以將其切割為兩個資料表：

1. 學生資料表

學號	姓名	科系代碼
B10213001	林忠億	13
B10223002	林忠爾	23
B10213003	林忠參	13
B10214004	林忠釋	13
B10223005	林忠伍	23
B10223006	林忠留	23

2. 科系資料表

科系代碼	科系	位置
13	資訊工程系	資訊大樓1F
23	資訊管理系	管理大樓6F

原來有六筆的科系名稱,在分割後的第二個資料表只保留了必要的資料,於是儲存的資訊量大幅的減少。但是如果我們現在需要原來的完整資料,不可避免的我們需要將兩個資料表合併還原,這就是這個章節要介紹的運算:JOIN 的用途。

我們先來看 CROSS JOIN,CROSS JOIN 的查詢結果就是兩個表格所有的排列組合,我們直接以實例來看:

```
SELECT A FROM 查詢示範一
UNION ALL
SELECT A FROM 查詢示範三

SELECT 查詢示範一.A, 查詢示範三.A
FROM 查詢示範一 CROSS JOIN 查詢示範三
```

1. UNION ALL 與 CROSS JOIN 的差異

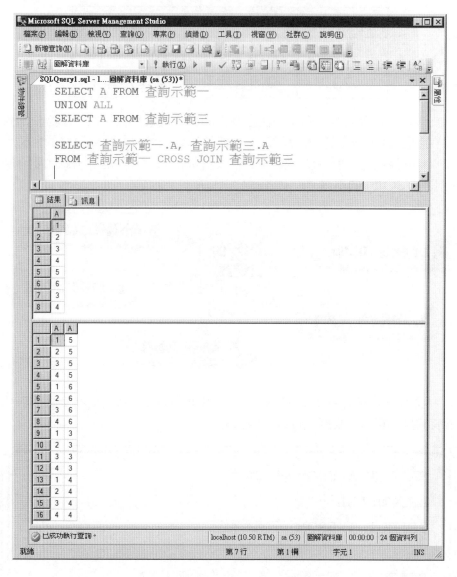

在前面的集合處理中，我們學到了利用 UNION 來將兩個表格的內容合併顯示。

1. 從上圖中可知，UNION ALL 所做的運算是對記錄做合併，將「查詢示範一」的四筆記錄全部都列出來，再來則是列出「查詢示範三」的四筆記錄，但 JOIN 卻是對欄位做合併動作。JOIN 查詢的結果會有兩個欄位，第一個是「查詢示範一」的欄位 A，而後兩個則是「查詢示範二」的欄位 A，當我們要一次顯示兩個欄位的值時，要怎麼決定是哪兩個值呢？

2. CROSS JOIN 所選擇的的方式就是，將所有的排列組合都列出來。所以我們看第一列的 A，會發現它以 1、2、3、4 的方式重複了 4 次，每一次都搭配「查詢示範三」的一個值，也就是說，記錄的排列組合結果就是 CROSS JOIN 的結果。CROSS JOIN 其實就是多資料表查詢的預設方式。

我們來看一個實例：

```
SELECT  查詢示範一 .A,  查詢示範三 .A
FROM  查詢示範一  CROSS  JOIN  查詢示範三
SELECT  查詢示範一 .A,  查詢示範三 .A
FROM  查詢示範一 ,  查詢示範三
```

2. CROSS JOIN 與兩個資料表的查詢是相同的

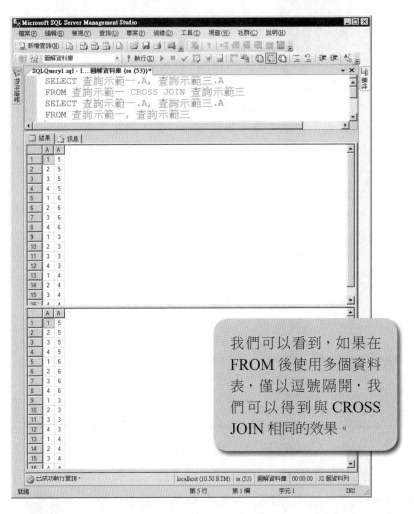

　　如果我們對 CROSS JOIN 的敘述式加上 WHERE 條件判斷，會得到什麼結果呢？

　　其實就是 INNER JOIN。在大部份的情況下，我們都不需要記錄排列組合的結果，兩個資料表大多是基於一定的條件來進行合併，利用 CROSS JOIN 與 WHERE 條件，我們可以將不必要的資料略去，而使用 INNER JOIN 則是在語義上更精確的表達出這種意圖。

　　我們來看一個例子：

```
SELECT 查詢示範一.A, 查詢示範三.A
FROM 查詢示範一 CROSS JOIN 查詢示範三
WHERE 查詢示範一.A = 查詢示範三.A


SELECT 查詢示範一.A, 查詢示範三.A
FROM 查詢示範一, 查詢示範三
WHERE 查詢示範一.A = 查詢示範三.A


SELECT 查詢示範一.A, 查詢示範三.A
FROM 查詢示範一 INNER JOIN 查詢示範三
ON 查詢示範一.A = 查詢示範三.A
```

3. 利用 WHERE 來進行限制與 INNER JOIN 是相同的

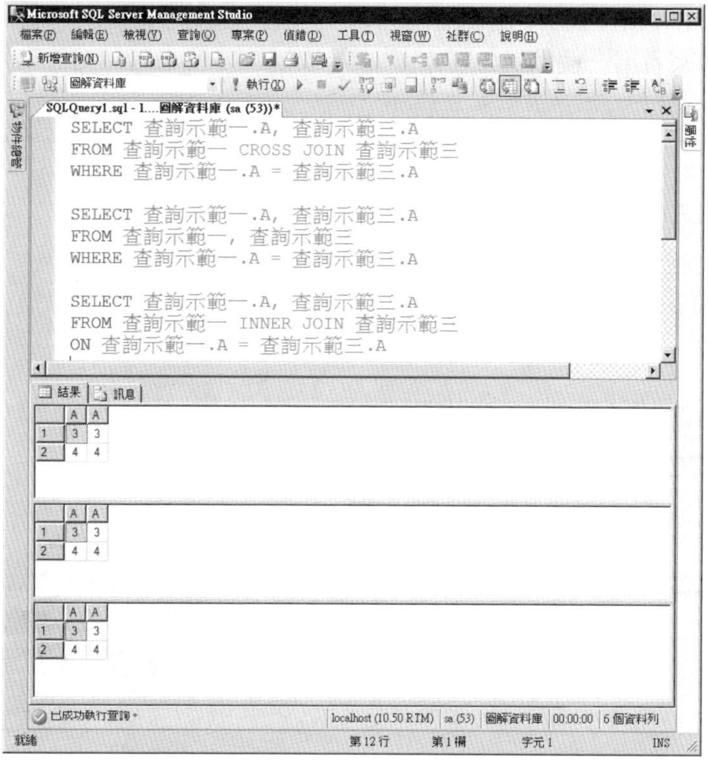

我們可以看到這三個查詢的結果是一樣的。

在這三個敘述中，我們所下的條件式為「**查詢示範一 .A = 查詢示範三 .A**」，也就是只有兩個表格的欄位 A 的值相等時，這一筆記錄才要被顯示出來。

最常用的 INNER JOIN 稱為內部合併，是預設的 JOIN 方式，所以 INNER 可以省略。

INNER JOIN 需要配合 ON 來指定合併的條件，就如同 WHERE 一般，只有條件成立的時候，該筆記錄才會成為查詢結果的一部份。

就集合處理的角度來看，有些使用者會認為 INNER JOIN 與 INTERSECT 的效果差不多，但是，INTERSECT 的處理方式是以記錄為單位，而 INNER JOIN 是以欄位為單位來進行運算的。

我們來看另一個例子：

```
SELECT *
FROM 查詢示範一 INNER JOIN 查詢示範三
ON 查詢示範一 .A = 查詢示範三 .A

SELECT * FROM 查詢示範一
INTERSECT
SELECT * FROM 查詢示範三
```

4.INNER JOIN 與 INTERSECT 的差異

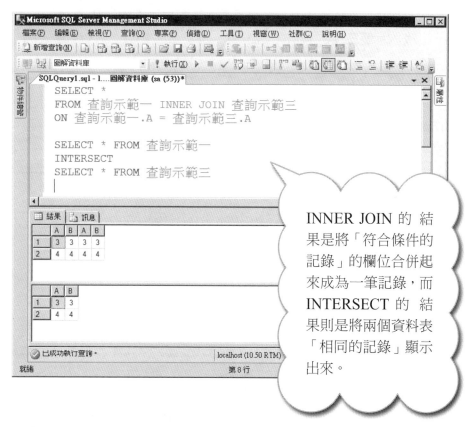

INNER JOIN 的 結果是將「符合條件的記錄」的欄位合併起來成為一筆記錄，而 INTERSECT 的 結果則是將兩個資料表「相同的記錄」顯示出來。

　　如果我們有三個資料表要進行合併運算，要如何處理？錯誤的想法是：

```
SELECT *
FROM 查詢示範一 INNER JOIN 查詢示範二
              INNER JOIN 查詢示範三
ON
查詢示範一.A = 查詢示範二.A
AND
查詢示範二.A = 查詢示範三.A
```

> 雖然這個敘述似乎合理，但是最末一行的「**查詢示範二 .A =
> 查詢示範三 .A**」會發生錯誤。

以一個 INNER JOIN 搭配一個 ON 為原則，三個資料表要進行 JOIN 操作是，是以兩個資料表先進行 JOIN 操作，得到結果再與第三個資料表進行 JOIN，所以正確的敘述是：

```
SELECT *
FROM 查詢示範一 INNER JOIN 查詢示範二
ON 查詢示範一 .A = 查詢示範二 .A
INNER JOIN 查詢示範三
ON
查詢示範一 .A = 查詢示範三 .A
```

5. 三個資料表的 JOIN 方式

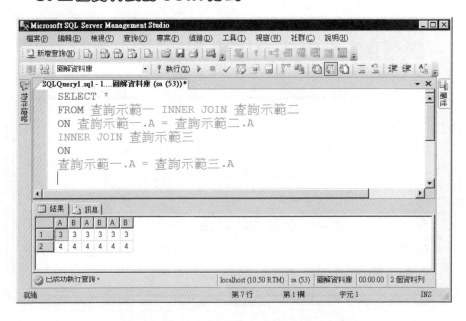

我們來建立一個較為實際的表格，並作為新的示範：

```
CREATE TABLE JOIN_學生
(學號 varchar(15), 姓名 varchar(10), 科系代
碼 int,
社團代碼 int)
CREATE TABLE JOIN_科系
(科系代碼 int, 科系 varchar(10), 位置 var-
char(10))
CREATE TABLE JOIN_社團
(社團代碼 int, 社團名稱 varchar(10))
INSERT JOIN_學生 VALUES
('B10213001','林忠億',13,2),
('B10223002','林忠爾',23,4),
('B10213003','林忠參',13,6),
('B10213003','林忠參',13,6),
('B10214004','林忠釋',13,2),
('B10223005','林忠伍',23,6),
('B10223006','林忠留',23,6)
INSERT JOIN_科系 VALUES
(13,'資訊工程系','資訊大樓F'),
(23,'資訊管理系','管理大樓F')
INSERT JOIN_社團 VALUES
(2,'電腦研究社'),
(4,'熱音社'),
(6,'登山社')
```

這三個新的資料表內容列出確認如下：

6. 建立新的資料表以便後續示範

現在我們將學生相關資訊用 JOIN 的方式來合併列出：

```
SELECT *
FROM JOIN_學生 INNER JOIN JOIN_科系
ON JOIN_學生.科系代碼 = JOIN_科系.科系代碼
INNER JOIN JOIN_社團
ON JOIN_學生.社團代碼 = JOIN_社團.社團代碼
```

7. 三個資料表 JOIN 後得到全部資訊

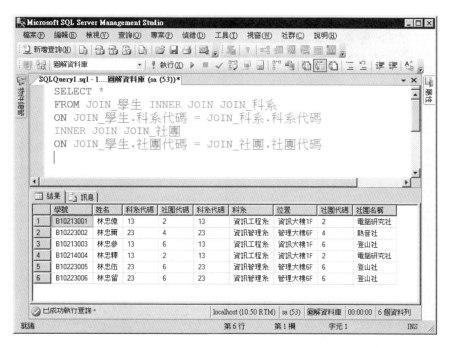

在使用了 INNER JOIN 與 ON 之後，還能不能使用 WHERE 呢？
當然可以，示範如下：

```
SELECT *
FROM JOIN_學生 INNER JOIN JOIN_科系
ON JOIN_學生.科系代碼 = JOIN_科系.科系代碼
INNER JOIN JOIN_社團
ON JOIN_學生.社團代碼 = JOIN_社團.社團代碼
WHERE JOIN_科系.科系='資訊工程系'
```

8. JOIN 操作後再使用 WHERE 判斷

　　除了用 WHERE 做進一步的條件篩選之外，若是條件允許，其實我們也可以將條件放在 ON 的條件式之中，如同我們示範的第二個 SELECT 敘述一樣。

現在我們來看 LEFT JOIN、RIGHT JOIN 與 FULL JOIN。

在做 INNER JOIN 時，是挑選兩個資料表都具備的記錄，若是我們想要查詢存在於一個資料表中，但不存在於另一個資料表的記錄，可以使用 LEFT JOIN、RIGHT JOIN 或是 FULL JOIN：

```
SELECT * FROM 查詢示範一
EXCEPT
SELECT * FROM 查詢示範三

SELECT *
FROM 查詢示範一 LEFT JOIN 查詢示範三
ON 查詢示範一.A = 查詢示範三.A

SELECT *
FROM 查詢示範三 LEFT JOIN 查詢示範一
ON 查詢示範一.A = 查詢示範三.A
```

圖解資料庫

268

9. LEFT JOIN 運算示範

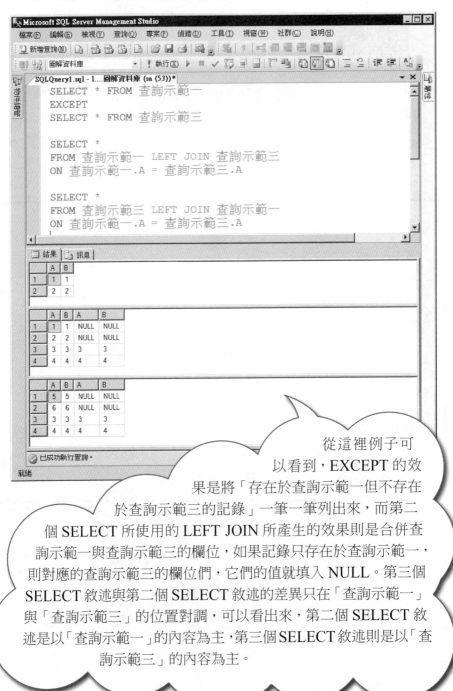

從這裡例子可以看到，EXCEPT 的效果是將「存在於查詢示範一但不存在於查詢示範三的記錄」一筆一筆列出來，而第二個 SELECT 所使用的 LEFT JOIN 所產生的效果則是合併查詢示範一與查詢示範三的欄位，如果記錄只存在於查詢示範一，則對應的查詢示範三的欄位們，它們的值就填入 NULL。第三個 SELECT 敘述與第二個 SELECT 敘述的差異只在「查詢示範一」與「查詢示範三」的位置對調，可以看出來，第二個 SELECT 敘述是以「查詢示範一」的內容為主，第三個 SELECT 敘述則是以「查詢示範三」的內容為主。

RIGHT JOIN 的效果與 LEFT JOIN 剛好相反：

```
SELECT *
FROM 查詢示範一 LEFT JOIN 查詢示範三
ON 查詢示範一.A = 查詢示範三.A


SELECT *
FROM 查詢示範三 RIGHT JOIN 查詢示範一
ON 查詢示範一.A = 查詢示範三.A
```

10. LEFT JOIN 與 RIGHT JOIN 的比較

LEFT JOIN 與 RIGHT JOIN 相反的地方，在於它們處理的主要關聯表，LEFT JOIN 是看以左邊的為主，而 RIGHT JOIN 就是看右邊的，雖然內容相同，但是因為資料表的順序關係，欄位的順序是不同的；但若是透過 SELECT 後的欄位定義，我們可以讓它們的結果完全相同。

```
SELECT  *
FROM  查詢示範一  LEFT  JOIN  查詢示範三
ON  查詢示範一 .A = 查詢示範三 .A


SELECT
查詢示範一 .A,  查詢示範一 .B,  查詢示範三 .A,  查詢
示範三 .B
FROM  查詢示範三  RIGHT  JOIN  查詢示範一
ON  查詢示範一 .A = 查詢示範三 .A
```

◎ 調整欄位順序後，LEFT JOIN 與 RIGHT JOIN 的結果相同

FULL JOIN 就是合併了 RIGHT JOIN 與 LEFT JOIN 的運算效果：

```
SELECT * FROM 查詢示範一 LEFT JOIN 查詢示範三
ON 查詢示範一.A = 查詢示範三.A


SELECT * FROM 查詢示範一 RIGHT JOIN 查詢示範三
ON 查詢示範一.A = 查詢示範三.A


SELECT * FROM 查詢示範一 FULL JOIN 查詢示範三
ON 查詢示範一.A = 查詢示範三.A
```

272

圖
解
資
料
庫

◎ LEFT JOIN、RIGHT JOIN 與 FULL JOIN 運算示範

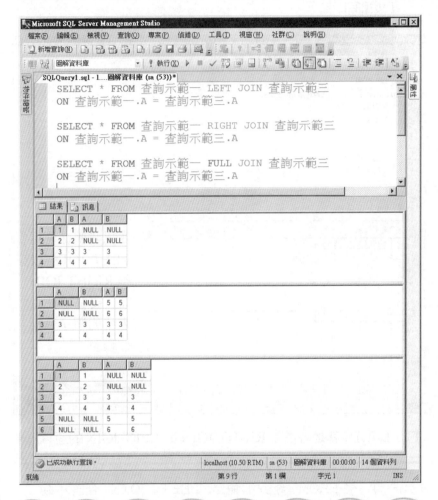

很明顯的可以發現，FULL JOIN 的效果是 LEFT JOIN 與 RIGHT JOIN 的合併結果，兩個表格都會顯示出自己獨有的部份。

有一種合併的技巧稱為自我合併，也就是需要的資料剛好就在本身欄位之中，此時如果要進行合併，以剛才的示範來執行敘述是不可行的，自我合併的技巧需要使用資料表的別名。

我們來看一個範例：

```
UPDATE 查詢示範一 SET B=B+1
SELECT * FROM 查詢示範一
SELECT * FROM 查詢示範一 AS 表格一
INNER JOIN 查詢示範一 AS 表格二
ON 表格一.A = 表格二.B
```

◎ 自我合併

為了做出資料內容的差異，我們首先將欄位 B 的值加 1，進行合併的原則是「欄位 A 的值要等於欄位 B 的值」，雖然同樣都是關聯表「查詢示範一」，但是我們利用 AS 來將「查詢示範一」取別名為「表格一」，再將它取第二個別名「表格二」，就可以利用「表格一」與「表格二」的 JOIN 來取得我們想要的結果。

Unit 6-7
彙總查詢

定　義

- 所謂的彙總是指對一群具有共通性質的資料記錄先進行分組再進行處理的動作，例如：加總或是求平均值的動作，我們不會拿學號與身高來進行加總或是求平均，也不會拿長頸鹿的身高與人的身高來求平均，我們會需要進行加總或是求平均的動作，應該對一群具有關聯性、共同性質的資料來做才對，也就是將資料紀錄以組為單位來進行運算，而應用於彙總的函數稱為彙總函數。

- 彙總是依靠 GROUP BY 來完成的，GROUP BY 後面可以接欄位名稱或運算式，也就是進行分組的依據。

我們來看一個分組的例子，首先我們建立一個用於 GROUP BY 的示範關聯表：

```
CREATE TABLE 彙總示範 (id int IDENTITY, 等級 int, 售價 money)
INSERT 彙總示範 OUTPUT INSERTED.* VALUES (1,500),(2,400),(3,200),(1,550),(2,350),(2,380),(2,420),(1,520),(1,530),(3,150)
```

1. 建立資料表以便示範彙總查詢

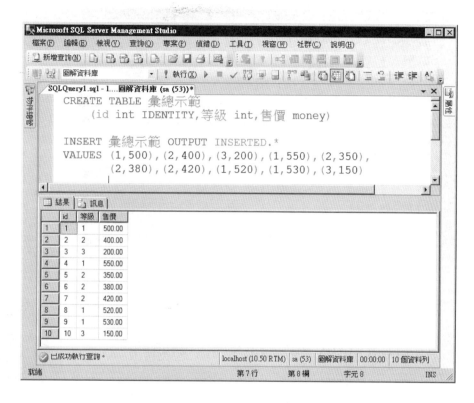

現在我們若想要將資料依等級來列出，可以使用 GROUP BY 來完成：

```
SELECT  等級 , 售價  FROM  彙總示範
GROUP  BY  等級 , 售價
```

◎ 依等級與售價來進行分組

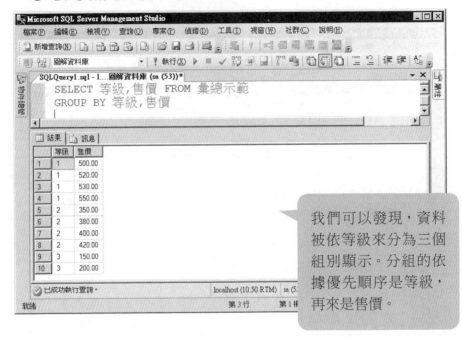

> 我們可以發現，資料被依等級來分為三個組別顯示。分組的依據優先順序是等級，再來是售價。

在使用 GROUP BY 的時候要特別注意，如果使用

```
SELECT ＊ FROM 彙總示範
GROUP BY 等級, 售價
```

會發生錯誤，訊息是「資料行 '#GROUP_BY_ 示範 .id' 在選取清單中無效，因為它並未包含在彙總函式或 GROUP BY 子句中。」這個錯誤訊息的意思是，在使用 GROUP BY 時，所有要查詢的欄位都必須放入 GROUP BY 後面，使用彙總函數時則不必。我們來看一個例子：

```
SELECT 等級, 售價, 售價＊0.9 AS 折扣 FROM 彙
總示範
GROUP BY 等級, 售價
```

◎ 要查詢的欄位都必須放入 GROUP BY 後面的欄位列表中

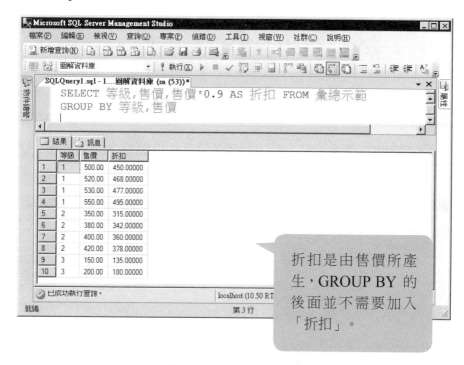

折扣是由售價所產生，GROUP BY 的後面並不需要加入「折扣」。

我們現在知道了 GROUP BY 可以將資料分組，針對每個組，我們可以做彙總運算，常用的彙總函數有：

常用彙總函數

- ✔ AVG
- ✔ SUM
- ✔ MAX · MIN
- ✔ COUNT · COUNT_BIG
- ✔ STDEV · STDEVP
- ✔ VAR · VARP

我們開始進行示範：

```
SELECT 等級, COUNT(*) AS 個數, AVG(售價)
AS 平均售價, SUM(售價) AS 總價, MAX(售價)
AS 最高售價, MIN(售價) AS 最低售價
FROM 彙總示範 GROUP BY 等級
```

◎ COUNT( )、AVG( )、SUM( )、MAX( )與 MIN( )的運算示範

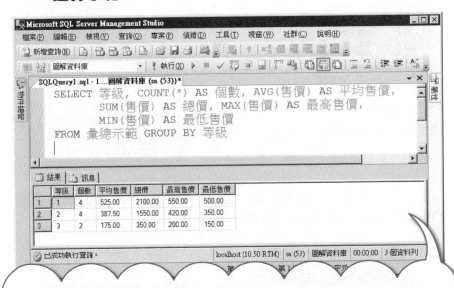

AVG 函數可以用來計算平均值，SUM 函數則是進行加總，MAX 與 MIN 函數分別用以計算最大值與最小值。這個例子很適當的示範了彙總函數的性質，記錄先依照 GROUP BY 的要求，依等級進行了分組，接下來的運算都是以組為單位來執行的，我們計算了等級 1 的平均售價、最大售價、最低售價與所有等級 1 的售價總合，同樣的對等級 2 與等級 3 做了相同的多種運算。COUNT 函數可以用來計算群組資料的項目數，COUNT 與 COUNT_BIG 的差別只在於回傳值的不同，COUNT 函數的回傳值是整數(int)，而 COUNT_BIG 的回傳值則是大整數(bigint)。

STDEV、STDEVP、VAR、VARP 是用來計算統計上的標準差與變異數，其中 STDEV 是樣本標準差，VAR 是樣本變異數，STDEVP 是母體標準差，VARP 是母體變異數。

```
SELECT 等級 , STDEV(售價) AS STDEV,
              STDEVP(售價) AS STDEVP,
              VAR(售價) AS VAR,
              VARP(售價) AS VARP
FROM 彙總示範 GROUP BY 等級
```

◎ STDEV( )、STDEVP( )、VAR( ) 與 VARP( ) 的運算示範

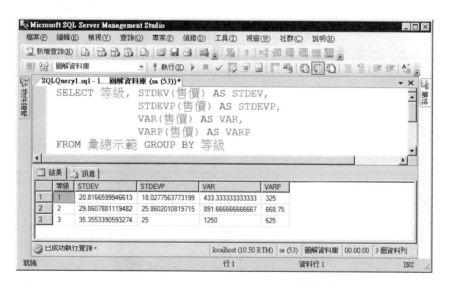

樣本指的是我們所計算的資料只是母體的一部份，也就是抽樣得到的部份資料，而母體指的就是所有資料都是我們可以計算的範圍，我們以等級 1 的 4 筆資料說明計算過程如下：

$$平均值\ m = \frac{550 + 500 + 520 + 530}{4} = 525$$

母體變異數 vp 與樣本變異數 v 的計算方式為：

$$母體標準差為 \sqrt{325} = 18.0278，$$
$$而樣本標準差是 \sqrt{433.3333} = 20.8167。$$

在做完彙總之後，我們可以利用關鍵字 **HAVING** 來進行篩選，**HAVING** 的用法與 **WHERE** 相同，但是 **WHERE** 並不能使用彙總函數，只有 **HAVING** 可以，例如：

```
SELECT 等級,STDEVP(售價)
FROM 彙總示範
WHERE STDEVP(售價)>20
```

將會出現錯誤訊息「除非彙總置於 **HAVING** 子句或選取清單所包含的子查詢中，且彙總的資料行為外部參考，否則不得在 **WHERE** 子句中出現。」，正確的敘述應該是：

```
SELECT 等級,STDEVP(售價)
FROM 彙總示範
GROUP BY 等級
HAVING STDEVP(售價)>20
```

◎ 利用 HAVING 來篩選資料

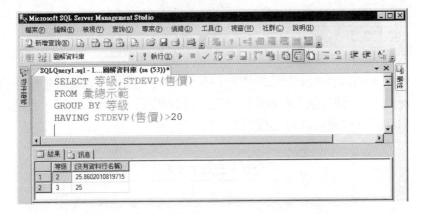

在語意上，HAVING 的意思是「分群之後是否具有某種條件？」，WHERE 的處理是優先於 GROUP BY 與 HAVING 的，例如：

```
SELECT 等級,STDEVP(售價)
FROM 彙總示範
WHERE 等級<3
GROUP BY 等級
HAVING STDEVP(售價)>20
```

◎ WHERE 搭配 HAVING

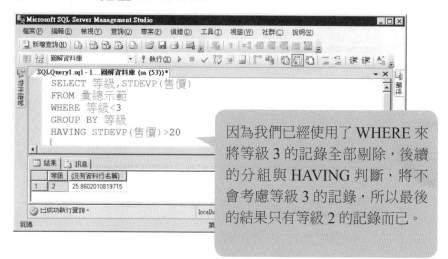

因為我們已經使用了 WHERE 來將等級 3 的記錄全部剔除，後續的分組與 HAVING 判斷，將不會考慮等級 3 的記錄，所以最後的結果只有等級 2 的記錄而已。

我們可以將 SELECT 的意義可以大略表示如下：

關鍵字	說明
SELECT	◀ 進行運算
INTO	◀ 查詢結果要儲存的目的關聯表
FROM	◀ 選擇資料來源
WHERE	◀ 第一階段篩選
GROUP BY	◀ 進行分組
HAVING	◀ 以分組後的結果進行第二階段篩選
ORDER BY	◀ 對最後的結果進行排序

Unit **6-8**
交易的概念

　　在我們操作提款機提款時，若是機器發生異常，「因為錢沒有領出來，所以戶頭不會被扣款」是一種常識，隱藏在這個常識背後的，就是交易的原理。

　　在前面的導論章節中，我們提到了交易的 4 個基本性質 ACID：

Atomicity

　　交易的所有運算必須完全做完 (commit)，或是完全不做 (abort)。

Concurrency

　　多人同時存取同一個資料庫時，平行處理的結果必須和循序處理的結果一致。

Isolation

　　一個交易的中間過程結果不能被其它交易存取。

Durability

　　如果一個已經 commit 的交易因為資料庫系統的問題而中斷，在資料庫系統回復後必須繼續進行 commit 動作，不能因為系統中斷而中止。

那麼在 SQL 語法中，我們是怎麼做到這些功能呢？我們透過
TRANSACTION 來完成交易的功能，在交易開始前，我們以

BEGIN TRANSACTION 或 BEGIN TRAN

來開始一個交易，後面接著一連串的 SQL 敘述，當我們確定要將 SQL 敘
述的運算結果寫入資料庫裡時，這個動作稱為 commit，我們使用

COMMIT TRANSACTION 或 COMMIT TRAN

來同意寫入的動作，如果因為發生失敗，或是其它原因，我們想要將剛才
的動作全部還原，這個動作在交易敘述中並不是 abort，而是 rollback，所
以我們用

ROLLBACK TRANSACTION 或 ROLLBACK TRAN

即可回復到交易之前的狀態。

　　我們在前面的章節中執行了許多的 SQL 敘述，其實是使用了 Auto
Commmit Transaction 的交易模式，也就是每個動作都被默認為是要
commit，沒有反悔的空間。

當 COMMIT TRANSACTION 已經執行的時候，就不能再
以 ROLLBACK TRANSACTION 回復，同樣的，當我們以
ROLLBACK TRANSACTION 取消了所有的變更，即使再
執行一次 COMMIT TRANSACTION 也是無效的。

這樣看起來，ROLLBACK TRANSACTION 的功能好像很強大，其實也是有限制的，像下列敘述就無法在交易中使用：

- ✔ **ALTER DATABASE**
- ✔ **ALTER FULLTEXT CATALOG**
- ✔ **ALTER FULLTEXT INDEX**
- ✔ **BACKUP**
- ✔ **CREATE DATABASE**
- ✔ **CREATE FULLTEXT CATALOG**
- ✔ **CREATE FULLTEXT INDEX**
- ✔ **DROP DATABASE**
- ✔ **DROP FULLTEXT CATALOG**
- ✔ **DROP FULLTEXT INDEX**
- ✔ **RECONFIGURE**
- ✔ **RESTORE**
- ✔ **UPDATE STATISTICS**

我們來看一個例子：

```
CREATE TABLE #TRAN (A int)
BEGIN TRANSACTION
    INSERT #TRAN VALUES (1), (2), (3)
    SELECT * FROM #TRAN
```

```
        ROLLBACK TRANSACTION
SELECT * FROM #TRAN


BEGIN TRANSACTION
        INSERT #TRAN VALUES (4), (5), (6)
        COMMIT TRANSACTION
SELECT * FROM #TRAN
DROP TABLE #TRAN
```

◎ 交易的範例

注意

1. 我們首先建立了一個暫存資料表 #TRAN，然後執行第一個交易，交易的內容是插入三筆資料，分別是 1、2、3，第一個 SELECT 查詢顯示出 #TRAN 具有三筆資料，緊接著，我們執行了 ROLLBACK TRANSACTION，我們可以看到，第二次的 SELECT 查詢告訴我們 #TRAN 的內容是空的，因為剛才插入資料的動作被取消了。

2. 第二次的交易中，我們插入新資料 4、5、6，這次我們改用 COMMIT TRANSACTION，可以由 SELECT 查詢看到資料被保留在資料表中。

   如果在 COMMIT TRANSACTION 後方緊接著執行 ROLLBACK TRANSACTION，會發生錯誤，因為一個交易只能執行一次 COMMIT TRANSACTION 或是 ROLLBACK TRANSACTION，所以會導致後面要執行的 ROLLBACK TRANSACTION 敘述找不到可以跟它相對應的 BEGIN TRANSACTION。

3. 利用 SQL Server 所提供的 Transact-SQL，我們可以利用 IF 判斷或是其它語法來進行判斷，以決定一段 SQL 敘述要 COMMIT 或是 ROLLBACK，達到更靈活的使用效果。雖然這並不在本書的範圍，但是在進階的 SQL Server 應用或是證照測驗中，Transact-SQL 是相當重要的一個主題。

習 題

1. 請寫出查詢的完整敘述結構。

2. 如何將查詢結果依大而小排序？使用 WITH TIES 的目的是什麼？

3. 如何僅顯示前 200 筆記錄？

4. 如何使用 SQL 敘述計算 2012/2/29 往後加一年的日期？

5. 請將下列敘述轉換為 SQL 的邏輯判斷式：

   A 或 B 其中一個成立而且 B 或 C 其中一個成立而且 D 不能成立

6. 如果有個欄位是「年齡」，如何找出年齡介於 18 到 30 之間的記錄？請寫出五種不同的 SQL 敘述。

7. 萬用字元 % 與 _ 的差別是什麼？

8. 如果我們要搜尋的字串是 XXabc，其中 XX 可以是任意兩個字元，但一定要是兩個字元，該如何下 SQL 查詢？例如，upabc 是我們要找的，但 uabc 就不是我們要的結果。

9. 如果在資料表中，有個欄位 A，要如何找出這個欄位中包含「%」的記錄？

10. 如何找出兩個查詢結果的相同資料記錄？

11. 預設的 JOIN 方式是哪一種？

12. 什麼時候我們會需要使用 CROSS JOIN？為什麼我們儘量不要使用 CROSS JOIN？

13. LEFT JOIN 與 RIGHT JOIN 有什麼不同？

14. 使用 JOIN_ 學生、JOIN_ 科系、JOIN_ 社團三個資料表，請寫出 SQL 敘述，找出最多人參加的社團是哪一個。

15. 假設我們有以下資料：

廠商	訂購產品
山王機車行	輪胎
翔陽重機	電瓶
湘北二輪社	機油

廠商	訂購產品
愛和機車	輪胎
大榮機車	輪胎
湘北二輪社	幫浦
愛和機車	機油
山王機車行	電瓶

請寫出 SQL 敘述，查詢哪一種產品只有一家廠商訂購。

16. 我們有 NBA 對戰的分數記錄，欄位資訊如下：

日期	主場隊伍	客場隊伍	主場得分	客場得分

例如：

日期	主場隊伍	客場隊伍	主場得分	客場得分
05012013	Atlanta Hawks	Indiana Pacers	83	106
05012013	Boston Celtics	New York Knicks	92	86
05012013	Houston Rockets	Oklahoma City Thunder	107	100

請利用這些資訊寫出 SQL 敘述來統計下列結果：

(1) 哪一個隊伍在主場的獲勝次數最多？

(2) 哪一個隊伍的平均得分最高？

(3) 失分最少的三個隊伍是哪一個隊伍？

(4) 哪一個隊伍得分狀況最穩定？（標準差最低）

(5) 列出每個月獲勝最多次的隊伍。

17. 交易的 ACID 是指什麼？

第 **7** 章

檢視表 (VIEW)

章節體系架構

Unit **7-1**
建立檢視表

　　對資料表進行查詢、新增或是修改時，SQL Server 會對儲存資料表的檔案進行讀寫動作，對於大型資料表而言，這些動作的背後往往需要花費不少時間，以資料庫的三層式架構來看，我們可以將資料表以不同的方式呈現給不同的使用者，這就是檢視表的主要功能之一。

　　檢視表 (View) 的用法很像一般的關聯表，我們可以把它看成是一個虛擬的關聯表，它實際上還是存在的，但是它是由一般的關聯表經由 SELECT 操作所產生，也就是說，我們透過 SELECT 動作產生出查詢結果，將這個結果儲存為一個檢視表。這樣做會不會是多此一舉呢？

　　我們在建立檢視表時，通常不會把它做為一般關聯表的複製品，而是複雜的 SELECT 查詢的結果，或是篩選後的記錄。這樣做的第一個好處是，當 SELECT 查詢的敘述很長、很繁雜，又有經常使用的需求時，很容易發生打字錯誤，而很長的敘述通常也代表著複雜的運算，如果可以避免重複的運算，久而久之可以節省可觀的時間；再來，如果一個關聯表內含相當多的欄位，可能有許多欄位是在資料處理時較少使用到的，例如學生資料表中若是包含了身份證號碼、地址與電話三個欄位，當我們要處理學生的選課作業時，這三個欄位是不需要使用到的，此時，我們可以由學生資料表來建立一個「不含身分證號碼、地址與電話」的檢視表，後續的選課作業都透過這個檢視表來運算，可以節省時間，其它人員在讀取資料庫時，讀取到的記錄是來自於這個檢視表，可以避免個資外洩的問題。

　　建立檢視表的語法如下：

```
CREATE VIEW ( 欄位名稱一 , 欄位名稱二 , …)
AS
SELECT 敘述
```

其中 SELECT 敘述中可以包含 JOIN、UNION 等敘述，但仍有些限制：

1. 不能使用 COMPUTE 或 COMPUTE By
2. 不能使用 ORDER BY
3. 不能使用 INTO

欄位名稱的部份，若是不指定也可以，將會由 SELECT 敘述中的欄位名稱來代替。我們來看一個範例：

```
CREATE VIEW 學生檢視表一
AS
SELECT 學生.學號, 學生.姓名, 學生.科系代碼,
社團.社團名稱, 科系.科系, 科系.位置
FROM JOIN_學生 AS 學生 JOIN JOIN_社團 AS
社團
ON 學生.社團代碼＝社團.社團代碼
JOIN JOIN_科系 AS 科系
ON 學生.科系代碼＝科系.科系代碼
```

◎ 新增檢視表

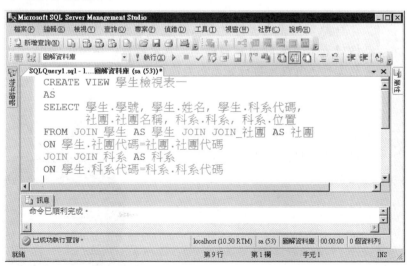

Unit **7-2**
檢視表查詢

　　我們將三個資料表進行合併的結果建立為一個檢視表「學生檢視表一」，接著我們就可以開始對這個檢視表進行操作：

```
SELECT * FROM 學生檢視表一
SELECT * FROM 學生檢視表一 WHERE 科系代碼
=13
SELECT * FROM 學生檢視表一
WHERE LEFT(位置,2)='管理'
ORDER BY 學號 DESC
```

知識補充站

　　檢視表雖然有它的優點，但缺點是僅能做查詢，不能做更新，因為檢視表在大部份的情況下是唯讀的。

　　在執行效率上，相對於直接對資料表進行查詢，因為檢視表大多是利用複雜的 SQL 敘述產生，以簡化使用者的工作，所以，執行效率相對而言會差一些。

　　另外，因為檢視表在建立時，不支援使用彙總函數與 GROUP BY 等敘述，所以有些資料並無法透過檢視表來簡化工作。

1.對檢視表進行查詢

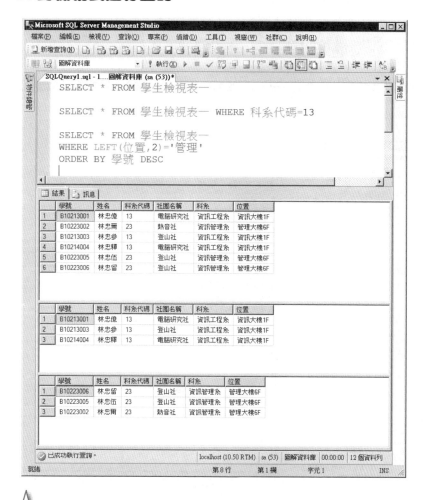

這個檢視表是三個關聯表以 JOIN 合併的結果，如果我們要進行這些 SELECT 敘述，每次都要輸入一長串的 JOIN，想必是非常麻煩，建立檢視表之後，我們可以用更輕鬆的方式來進行查詢，減少發生錯誤的機率。

2. 檢視表的存放位置

　　檢視表是儲存在什麼位置呢？在資料庫的資料夾中，有一個「檢視」資料夾，我們所建立的檢視表會出現在這個位置：

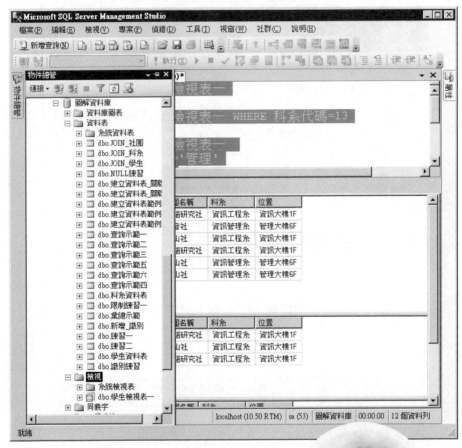

3. 檢視表的設計視窗

　　檢視表的欄位名稱是可以更改的，在檢視表上按右鍵，選擇「設計」，即會出現此視窗：

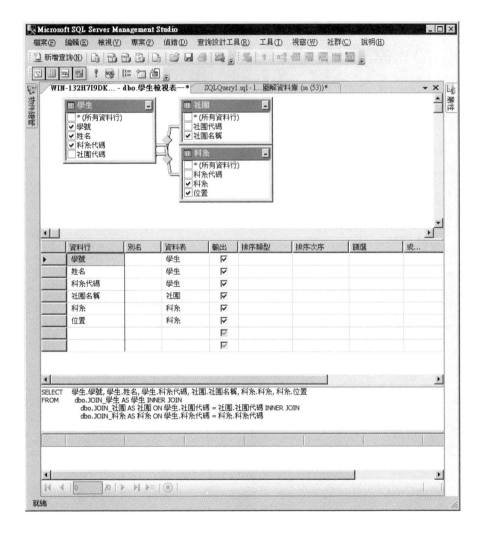

　　這個視窗中，說明了這個檢視表的建立過程，我們可以在這裡進行修改：

4. 對檢視表的欄位取別名

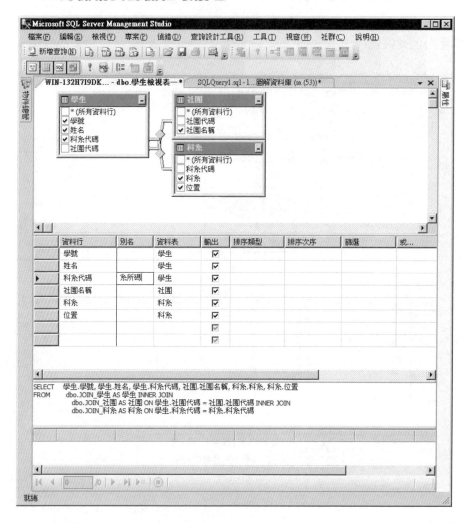

　　如圖中所示，我們修改「科系代碼」為「系所碼」，儲存後可以發現欄位名稱已經改變：

5. 檢視表的欄位名稱改變

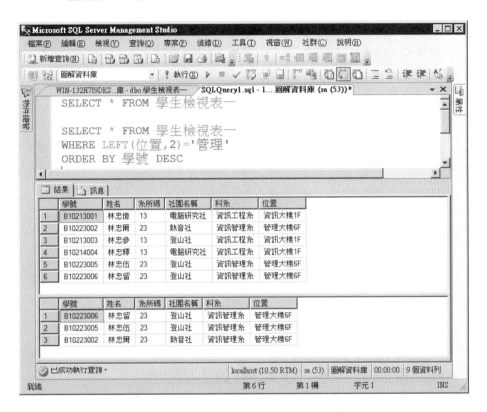

在「設計」視窗中指定別名的方式，其實跟建立
檢視表時指定欄位名稱，是一樣的效果。

Unit 7-3
修改檢視表

在檢視表上按右鍵，選擇「編輯前 200 個資料列」，一樣會出現熟悉的編輯視窗：

1. 檢視表的編輯視窗

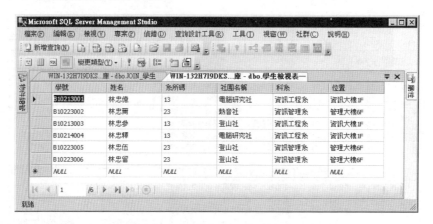

2. 修改系所碼為一個不存在的系所代碼

此時若我們將「林忠留」的系所碼修改為 25，會發生什麼事呢？

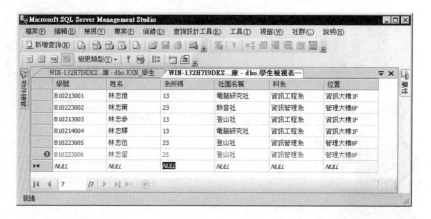

3. 資料自動消失

此時視窗內容尚未更新，按下上方的紅色驚嘆號圖示重新整理一次：

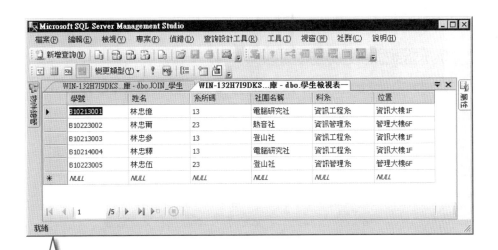

發現「林忠留」的資料已經消失，為什麼會消失呢？因為「林忠留」的系所碼是 25，也就是「科系代碼」是 25，在 JOIN 時並沒有辦法與「JOIN_ 科系」資料表中的任何科系相對應，所以不會出現在三個關聯表合併的結果當中，那麼，基於這個合併查詢而產生的檢視表，當然也不會有林忠留的資料了。

Unit **7-4**

新增記錄到檢視表中

如果我們想新增資料時，又會發生什麼問題呢？

1. 直接新增資料到檢視表中

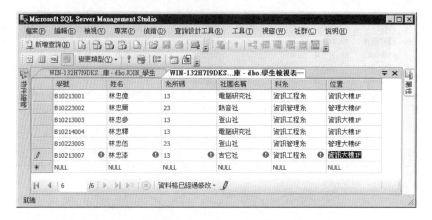

2. 因為影響的資料表太多，所以出現錯誤

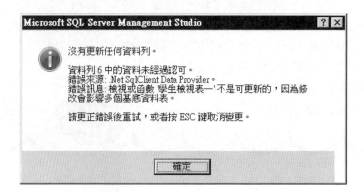

3. 對檢視表「學生檢視表二」進行編輯

　　因為檢視表是由關聯表的部份記錄所產生的，因此要插入資料時，並不能只插入到檢視表中，勢必要更動到關聯表，而我們所提供的資訊不足，SQL Server 不知道某些欄位該填入什麼值才好，所以會發生錯誤訊息，我們來看一個可以成功的例子：

```
CREATE VIEW 學生檢視表二
AS SELECT * FROM JOIN_學生
```

首先我們建立一個檢視表「學生檢視表二」，並開啟編輯視窗：

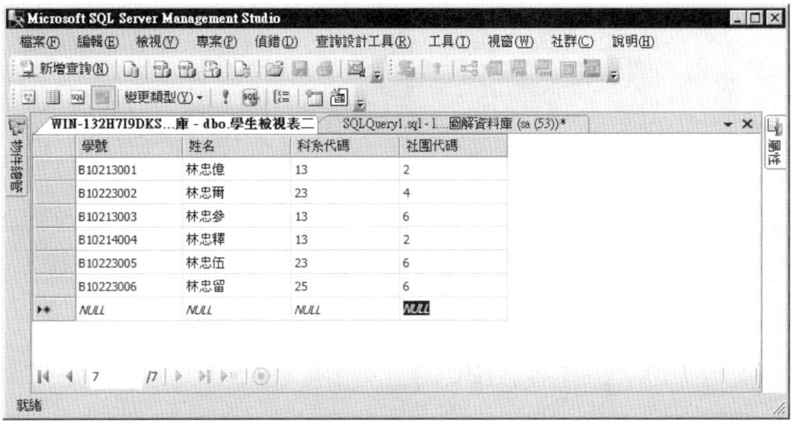

4. 直接新增記錄到檢視表中

接著輸入「B10213007」學生的新資料，並按下 ENTER 輸入：

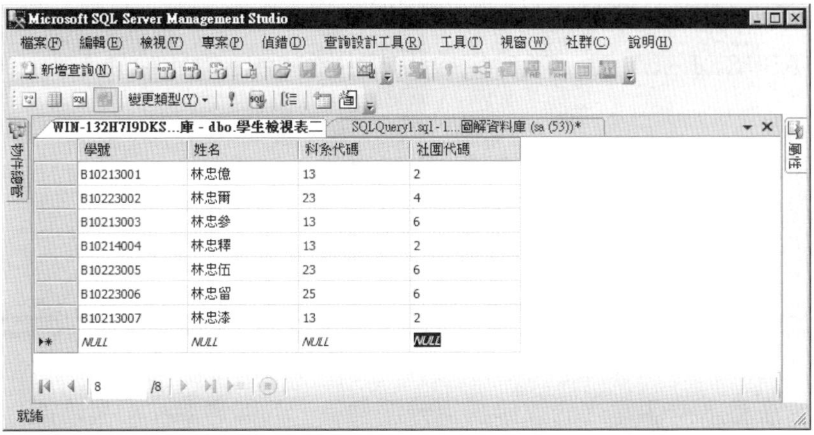

可以發現資料是可以成功新增的。

由上圖可知，在建立檢視表時，如果我們所使用的 SELECT 敘述有搭配 WHERE 條件判斷式，那麼，資料在插入時是否會違反當初 WHERE 的條件？答案是肯定的，因為我們對檢視表進行處理時，預設情況下它並不會動態的檢查條件，需要使用 WITH CHECK OPTION 關鍵字才可以。

我們來做一個示範：

首先我們先建立一個資料表：

```
CREATE  TABLE  檢視表示範  (A int)
INSERT  檢視表示範  VALUES
 (1),(2),(100),(200)
```

再來建立兩個檢視表：

```
CREATE VIEW  檢視表錯誤檢查一
AS SELECT  *  FROM  檢視表示範  WHERE  A>10


CREATE VIEW  檢視表錯誤檢查二
AS SELECT  *  FROM  檢視表示範  WHERE  A>10
WITH CHECK OPTION
```

注意這兩個建立的敘述必須分開執行，否則需要在兩者之間加入一個「GO」指令，才不會發生錯誤。

5. 新增兩個檢視表

「檢視表錯誤檢查二」包含了 WITH CHECK OPTION。

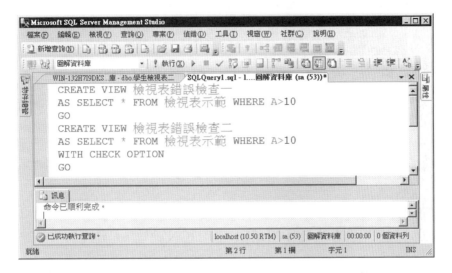

6. 新增記錄到檢視表中

現在我們分別對兩個檢視表進行編輯：

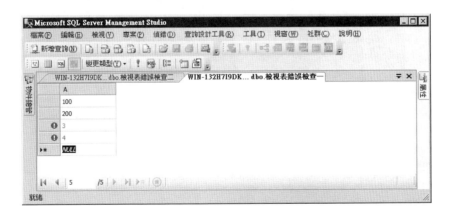

輸入時並沒有特殊的狀況出現，重新整理後：

7. 不符規則的記錄會消失

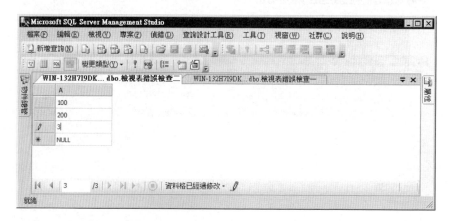

發現我們剛才輸入的資料消失了，就如同之前修改學生科系代碼的時候一樣，現在來看看 WITH CHECK OPTION 的效果是什麼：

8. 對具有 WITH CHECK OPTION 的檢視表新增記錄

按下 ENTER 立即跳出錯誤訊息：

9. 不符規則的記錄會引發錯誤訊息

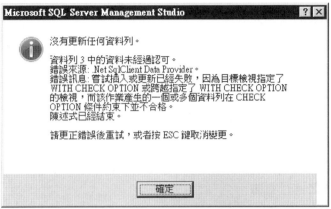

305

知識補充站

刪除檢視表

　　檢視表並不會因為使用者離線而消失，所以若是使用者想要用暫存資料表來建立檢視表，會發生錯誤，因為當暫存資料表消失後，記錄已經消除，則檢視表的來源也會跟著消失，因此是不允許用暫存資料表來建立檢視表的。

　　刪除檢視表的語法類似於刪除關聯表，都是使用DROP，只是 TABLE 改為 VIEW，例如：

DROP VIEW 檢視表錯誤檢查一

習題

1. 舉例說明檢視表的用途。

2. 舉實例說明檢視表的應用環境。

3. 請寫出建立檢視表的 SQL 敘述。

4. 請寫出插入新記錄至檢視表的 SQL 敘述，插入新記錄時，最可能發生的問題是什麼？該如何解決？

5. 請寫出刪除檢視表的 SQL 敘述。

6. 檢視表可以與其它的檢視表進行 JOIN 合併運算嗎？請建立兩個檢視表並進行實驗。

7. 假設我們收到圖書館的委託，他們想要計算學生借閱圖書的次數，來決定「讀書獎」的得主，現在在教務處的資料庫系統中，三個資料表的內容如下：

*學號
姓名
身份證號碼
科系
年級
電話
監護人電話
監護人地址

*書籍編號
名稱
出版社
ISBN
售價

學號
書籍編號
借閱日期
續借次數

資料表中包含了一些個人資訊，教務處希望這些資訊不會被圖書館的系統誤用，想請我們幫忙，你會如何滿足教務處與圖書館的需求？請寫出所有的 SQL 敘述。

國家圖書館出版品預行編目資料

圖解資料庫／林忠億著. －－初版. －－臺北
市：五南，2014.01
　　面；　公分
ISBN 978-957-11-7417-4 (平裝)
1.資料庫　2.資料庫管理系統
312.74　　　　　　　　　　102023069

5DH1

圖解資料庫

作　　者 ― 林忠億

發 行 人 ― 楊榮川

總 編 輯 ― 王翠華

主　　編 ― 穆文娟

責任編輯 ― 王者香

圖文編輯 ― 林秋芬

排　　版 ― 簡鈴惠

封面設計 ― 小小設計有限公司

出 版 者 ― 五南圖書出版股份有限公司

地　　址：106台北市大安區和平東路二段339號4樓

電　　話：(02)2705-5066　　傳　　真：(02)2706-6100

網　　址：http://www.wunan.com.tw

電子郵件：wunan@wunan.com.tw

劃撥帳號：01068953

戶　　名：五南圖書出版股份有限公司

台中市駐區辦公室/台中市中區中山路6號

電　　話：(04)2223-0891　　傳　　真：(04)2223-3549

高雄市駐區辦公室/高雄市新興區中山一路290號

電　　話：(07)2358-702　　傳　　真：(07)2350-236

法律顧問　林勝安律師事務所　林勝安律師

出版日期　2014年1月初版一刷

定　　價　新臺幣380元

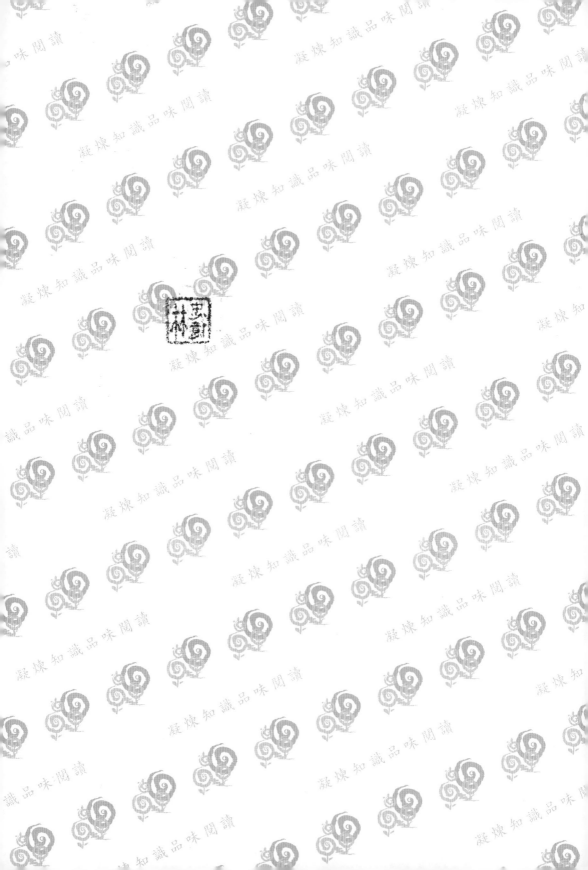